무한의 불가사의

그 앞에 무엇이 있는가!?

디아스포라(DIASPORA)는 독자 여러분의 책에 관한 아이디어와 원고 투고를 기다리고 있습니다. 디아스포라는 전파과학사의 임프린트로 종교(기독교), 경제·경영서, 일반 문학 등 다양한 장르의 국내 저자와 해외 번역서를 준비하고 있습니다. 출간을 고민하고 계신 분들은 이메일 chonpa2@hanmail.net로 간단한 개요와 취지, 연락처 등을 적어 보내주세요.

무한의 불가사의

그 앞에 무엇이 있는가!?

–

초판 1쇄 발행 1994년 12월 30일
개정 1쇄 발행 2024년 10월 26일

–

지은이 나카다 노리오
옮긴이 임승원
발행인 손동민
디자인 오주희

–

펴낸곳 전파과학사
출판등록 1956년 7월 23일 제 10-89호
주   소 서울시 서대문구 증가로18, 204호
전   화 02-333-8877(8855)
팩   스 02-334-8092
이메일 chonpa2@hanmail.net
공식 블로그 http://blog.naver.com/siencia

ISBN 978-89-7044-686-8 (03410)

무한의 불가사의

그 앞에 무엇이 있는가!?

나카다 노리오 지음 | 임승원 옮김

전파과학사

머리말

"수학은 무한의 과학이다."

이것은 미국의 프린스턴고등연구소의 교수이고 20세기에 있어서의 대표적 수학자의 한 사람이라고 일컬어지는 와일의 말이다.

이렇게 쓰기 시작하면 무언가 난해한 이야기로 될 것 같지만 이 '무한'은 대단한 괴물이어서 일상신변으로부터 고등철학까지 실로 여러 가지 사항을 내포하고 있어 쉽기도 하고 어렵기도 하다.

어렸을 적에 어머니가 잠을 재우면서 "옛날 옛날 그 옛날에 말이지"라고 이야기해 주신 먼 옛날은 무언가 무한의 과거가 생각나게 하고 국민학교에서 맨 처음에 배우는 수, '자연수'는 대표적 무한이라고 말할 수 있다.

이렇게 생각하면 인간에게 있어서 '무한'은 참으로 자기와 가까운 것이라 말할 수 있을 것이다.

일상의 회화나 텔레비전, 신문이라는 매스컴에서도 무한에 대한 이야기가 여러 가지 의미에서 또 장면에서 사용되고 있는 것도 흥미롭다.

'부모의 무한한 사랑', '인간에게는 무한한 능력이 있다', '공상의 세계는 무한', '신불(神佛)의 힘은 무한' 등이 그것이다. 이러한 것으로부터 알 수 있는 것처럼 보통으로 사용하는 무한은 '생각할 수 없을 정도의 크기' 즉 무한대를 의미하고 있지만 그것만의 것은 아니고 무한소도 있고 무한논법, 무한조작, 무한원점(遠點), 게다가 순환논법, 평행선의 무한, 점의 무한…… 등이 있다. 말이 나온 김에 영어에서 살펴보자. 무한을 의미하는 말에 여러 가지가 있다.

infinite	인간의 지혜로는 헤아릴 수 없는, 무수의
limitless	부(富)나 힘 등, 유한성에 대한 무한
boundless	한이 없는
endless	끝이 없는

이쯤 되면 누구나가 '무한'을 어떻게 파악해야 할지 생각에 잠기게 된다.

그래서 필자는 마침 대학에서의 수강생 50명에 대해서 "'무한'으로부터 연상되는 것"이라는 테마로 간단한 리포트를 쓰도록 했다. 그 결과는 예상대로 천차만별이어서 어디에 초점을 맞추면 이 책을 정리하는 데에 적절한지 헤맸다.

그러나 그 부분은 수학자 나부랭이, 수학의 시점(視點)으로 형태 분류하기로 했다. 그것이 8, 9페이지에 정리한 것이다.

—여기서 잠깐 그 표를 보기 바란다—

그림으로도 표현하고 있기 때문에 직관적으로 '무한'의 종류가 파악되었을 것으로 생각하는데 어떠한지.

무한을 정식으로 인간사회에 도입한 것은 기원전 6세기, 지중해에 있는 크레타섬의 시인, 에피메니데스의 순환(무한)논법이다.

"모든 크레타인은 거짓말쟁이이다"의 명언에 따른다.

순조롭게 발달한 수학에 제동을 건 것이 기원전 5세기 '제논의 역설'(후술)로서 이것을 기회로 수학의 본류(本流)는 '무한'을 피해서 계속 지나가고 17세기까지 눈을 감고 있었던 것이다.

무한에는 연속, 분할, 시간, 운동, 변화라는 것이 관련되기 때문에 난해(難解)하게 되는 것이고 이것을 교묘히 찌른 제논(Zenon)의 논법에 의해서 수학계는 대혼란이 일어났다. 20세기에 탄생된 '집합론'에 의해서 상당히 무한의 정체가 밝혀졌다고는 하지만 아직도 분명하지 않은 부분도 많다.

이 책은 인간세계에서 암약하는 이 괴물에 돈키호테처럼 도전하려고 하는 것이다. '수학의 시점'뿐만 아니고 더 넓은 눈으로 '무한'을 바라보며 가기로 하자.

1992년 12월

필자

(형)		(그림표현)
1. 발산형	① 규칙성	
	② 불규칙성	
2. 수렴형	① 규칙성	
	② 불규칙성	
3. 단조형(單調型)		
4. 순환형		
5. 2방향형		
6. 직선형		
7. 동방향형		
8. 동질형		
9. 닮은형		
10. 점집합형		

(수학의 예)	(사회에서의 예)
자연수	쥐계(契)
무한급수의 합	지구의 온난화
추적곡선	에펠탑의 다리기둥
근사값(π, $\sqrt{\ }$), 확률실험	지면에 떨어뜨린 럭비공
삼각함수의 그래프	엔진의 회전
순환소수	부적
반비례, 2차함수의 그래프	파국으로 된 두사람

좌우 어디까지나	"사랑은 무한"
평행, 병행	"논의가 평행선"
동류	"끼리끼리 모인다"
분수, 도형	"도깨비 방망이로 난쟁이는……"
점의 집합	"천리길도 한 걸음부터"

차례

제1장

설화·전설에서 보는 무한

1. 무한의 이미지

'무한(無限)'

이 말을 보고 들었을 때 여러분은 도대체 어떠한 이미지를 떠올릴까.
우선은 '머리말'에서 언급한 50명의 학생 회답을 분류하여 일반 사람이
어떠한 이미지를 갖고 있는가를 보여 주어 그 참고로 하기로 하자.

대별해서 일상·사회적인 면과 수학적인 면이 있다.

(1) 형용사적 표현

∘ 우주(19명)

∘ 영원(10명)

∘ 끝없이 계속된다(5명).

∘ 끝이 없다(3명).

∘ 바닥이 없다(3명).

∘ 신비

∘ 웅대

∘ 초인간

∘ 신의 세계

(2) 심리적 표현

∘ 생각하면 생각할수록 미칠 것만 같이 된다(3명).

∘ 종잡을 수 없어 불안정하고 침착하지 못하다.

◦ 시작과 끝이 있는지 없는지 모르는 전체상(全體像)

◦ 상상할 수 없는 이미지

◦ 경계가 없고 저편에 무엇이 있는지 모른다.

◦ 인간의 세계에서는 헤아릴 수 없는 광역(廣域)의 것

◦ 무엇이든 포함되어 버린다.

◦ 한없이 크고 한없이 작은 것

◦ 모두가 그 안에 있다.

◦ 앞이 미지의 것

◦ 블랙홀처럼 캄캄한 어둠

◦ 과거, 현재, 미래와 존재하는 것

(3) 수학적 표현

◦ 한없이 멀리까지 퍼지고 한없이 제로에 가깝게 작아진다.

◦ 크지만 실체화할 수 없기 때문에 '무'와 같은 이미지

◦ 어디까지라도 근접하지만 접하지도 교차하지도 않는다.

◦ 수렴되는 느낌이고 한편 멈춤이 없는 순환의 흐름

이러한 여러 가지 표현에 반해서 정통으로! 다음의 두 표와 같이 수학 용어를 열거한 것도 있다.

생각해 보면 참된 무한은 수학이나 철학 그리고 신앙이라는 머릿속의 세계에만 있는 것이다.

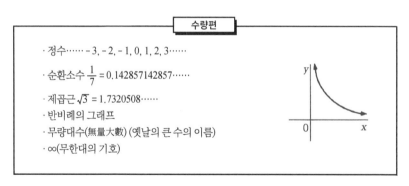

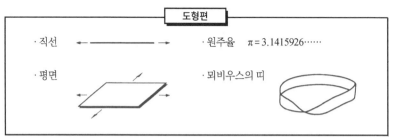

   '바닷가의 잔모래'의 수도 '하늘의 별'의 수도 굉장히 많은 유한이지 무한은 아니다. 그러나 여기서는 처음부터 야단법석하지 않겠다.

   우선은 동심으로 돌아가서 모든 것을 시작하기로 하자.

2. 동화와 천일야화

   세계적으로 유명한 동화의 하나로서 『불가사의의 나라의 앨리스』가 있다.

   이것은 다음과 같은 이야기로 시작된다.

   "어느 맑고 상쾌한 날 앨리스는 연못가의 나무 그늘에서 언니가 읽어

옥스퍼드대학 근처의 강

주는 책의 이야기를 듣고 있었다. 따뜻한 햇빛이 내려 쬐기 때문에 앨리스는 졸음이 왔다. 그때 한 마리의 하얀 토끼가 '바쁘구나, 바빠' 하면서 뛰어가길래 앨리스도 하얀 토끼의 뒤를 쫓아가서 구멍 속으로 들어갔다."

구멍 속 깊이 떨어진 앨리스가 마루에 있던 약병의 약을 마셨더니 몸이 점점 작아져 조금 전에 마신 약병의 주둥이가 마치 터널처럼 크게 보인다.

　　→ 무한소(無限小)로

그 뒤 곁에 있던 비스킷을 먹었더니 몸이 점점 커진다.

　　→ 무한대(無限大)로

그리고 이상한 벌레들이나 트럼프의 세계를 헤맨다는 이야기이다.

이 동화는 영국의 루이스 캐롤이라는 사람이 쓴 것인데 그의 저서에 『거울의 나라의 앨리스』라는 것도 있다.

그의 동화는 친구인 목사의 세 사람의 어린 딸들과 보트 놀이를 하고 있을 때 생각나는 대로 이야기한 것을 정리해서 만든 것이라고 한다. 책으로 만들어서 발표한 것은 1865년의 일이다.

실은 그는 원래는 동화작가는 아니고 본직은 영국의 명문인 옥스퍼드대학 크라이스트처치학교 수학 교수였다. 본명은 찰스 라드위지 도디슨이라 한다.

여기서 동업자의 입장에서 '수학 교수는 완고한 사람'이라는 오해를 조금 변호한다면 수학 교수 중에도 문장가도 있는가 하면 작가도 있다. 많은 취미와 예능을 가진 사람도 있어 수학이 딱딱하다고 이것을 공부하는 사람 모두가 딱딱한 것은 아니다.

18페이지의 사진은 필자가 옥스퍼드대학을 방문했을 때 "찰스가 보트놀이를 한 강이다"라고 안내된 곳이다.

그가 이 강에 보트를 띄우고 친구인 목사의 어린 딸에게 즐거운 이야기를 해주거나 수학의 사색에 잠기거나 한 모습을 상상했다.

다음 페이지의 사진은 그가 수학의 연구와 수업을 한 크라이스트처치학교로서 교사의 전면에는 넓은 운동장이 있고 뒤에는 커다란 나무가 있는 조용한 분위기의 곳이다.

여담이 되지만 당시의 영국 여왕 빅토리아가 그의 동화에 매우 흥미를 느껴 '당신의 책을 더 읽고 싶으니 다른 책을 보내 주었으면'하고 의뢰했더니 그는 수학 전문인 자기 저서(著書)를 보냈다고 한다. 진지한 기분으로 그랬는지 농담의 뜻으로 그랬는지는 분명치 않다.

그런데 『불가사의의 나라의 앨리스』에서는 처음에는 약으로 작아지고 다음에 비스킷으로 커진다라는 무한소와 무한대로 변신하는 이야기가 나오는데 자못 수학자다운 발상이라고 생각되어 즐거움을 느끼는 것

크라이스트처치학교

이다. 그러나 그가 뒤에 저작한 『거울의 나라의 앨리스』에서는 거울 속에 들어가는 발상은 좋다 해도 뒤의 무한 연속 그림(55페이지)이나 대칭형의 묘(妙)가 받아들여져 있지 않은 것이 유감이었다.

무한소, 무한대의 이야기는 여러 가지의 동화에 등장하고 있다.

난쟁이의 '도깨비방망이'에서는 한번 휘두를 때마다 커진다. 잭과 콩나무의 '콩'의 덩굴은 하늘 높이 계속 성장하고 손오공의 '여의봉(如意棒)'도 어디까지나 커진다. 찾아보면 흥밋거리는 끝이 없다.

다수의 독자를 가진 설화로서 세계적으로 유명한 것에 『천일야화』[1]가 있다. 이것은 아라비아 주변의 수백 가지의 민화(民話)나 방대한 시가집(詩歌集)이라 일컬어지고 있고 다음과 같은 전설이 간직되어 있다.

"아라비아의 사리알왕은 내자의 부정(不貞) 때문에 여성을 미워하게 되고 매일 처녀를 내자로 맞아들이고는 다음 날 죽여버리는 생활을 계속했다. 이것을 걱정한 대신(大臣)의 딸 세헤라자데는 자진해서 왕비가 되

---

1   별명: 아라비안나이트

어 밤에 즐거운 이야기를 왕에게 들려주어서 새벽을 맞이했고 다음 날 밤에도 이야기를 계속 듣고 싶은 왕의 의향으로 죽음을 면했다. 이렇게 하여 매일 밤 재미있는 이야기를 계속해서 천 일 밤이 지났다. 왕도 드디어 마음이 누그러져 그녀를 평생의 내자로 삼았다고 한다."

이 책이름은 『*Alf Layla wa Layla*』로서 직역하면 『천일야화(千一夜話)』(프랑스어 역)가 된다.[2]

"1001 밤이라 하면 대략 3년 조금 못 되는 일수이고만."

등이라고 촌스러운 생각을 하는 사람은 없을 것이다. 옛날의 '천(千)'이란 매우 크다(무한대적 의미)는 것에 대한 표현이다. 우리나라에서도 다음의 용법이 있다.

천리안(千里眼), 천차만별(千差萬別), 천변만화(千變萬化), 천객만래(千客萬來), 천자문(天字文)

그런데 『천일야화』는 고대인도, 페르시아, 아라비아, 이집트, 그리스 등의 설화(說話)가 16세기경까지 이슬람교도의 손에 의해서 집대성된 전승문학(傳承文學)의 걸작이라고 일컬어지고 있다. 내용으로는,

- 알리바바와 40인의 도적
- 알라딘과 마법의 램프
- 바다의 신드바드의 이야기
- 인도의 경이(篇異)

2 　『아라비안나이트』는 영어역

∘ 오말·브누·안·누만왕과 그 아이들

∘ 페르시아왕과 바다의 여왕

∘ 페델왕과 자우와라 공주

등장·단편 264편으로 되어 있다.

이야기에는 초현실적인 것이 있어 그 때문에 넓은 의미의 '무한'을 많이 볼 수 있다.

또 하나 유명한 설화를 소개한다.

미국, 영국의 소년·소녀가 반드시 읽는다고 하는 『*Fifty Famous Stories*(50의 유명한 이야기)』중의 '끝이 없는 이야기'도 또한 흥미롭다.

극동(極東)에 할 일 없이 하루 종일 이야기를 듣고 있는 임금님이 있었다. 이야기가 아무리 길어도 결코 듣는 데에 싫증을 내는 일이 없고 한 가지 이야기가 끝나면 언제나 슬퍼했다. 그래서 임금님은 다음과 같은 공고를 냈다.

　"(1) 나에게 영원히 계속되는 이야기를 들려준 자에게는 나의 가장 아
　　　름다운 딸을 아내로 주겠다.

　(2) 그 사나이에게는 나의 후계자로서 내가 죽은 뒤에는 임금을 시킨다.

　다만 그러한 이야기를 하다가 실패한 사람은 목을 자른다."

라는 것이었다.

　이것으로는 누구도 무서워서 시도해 보려는 사람이 없었는데 3개월
간 계속된 이야기를 한 사람이 있었다. 그러나 이윽고 이야기의 밑천이 떨
어져 결국 처형되었다. 멀지 않아 남국(南國)에서 온 한 사람의 외국인이
나타났다.

　그리고 이러한 이야기를 임금님께 한 것이다.

　"옛날 옛날 어느 임금님이 나라 안의 밀을 압류하여 튼튼한 창고에 간
수했다. 그러나 한 떼의 메뚜기가 이 나라에 와서 밀의 창고가 있다는 것

을 알고 며칠 걸려서 '한 번에 메뚜기
가 한 마리만 통과할 수 있는 틈새기'
를 발견했다. 그곳으로부터 한 마리
의 메뚜기가 들어가서 한 알의 밀을
운반하고 다음으로 한 마리의 메뚜기
가 들어가서 한 알의 밀을 반출했다."

　그는 매일, 매일, 매주, 매월 마찬
가지로

"그리고 다음의 한 마리가 들어가 한 알의 밀을 반출하고……"
를 반복해서 이야기했다. 1년이 지나고 2년이 끝날 무렵 임금님은 다음과
같이 말했다.

"언제까지면 메뚜기는 밀을 모두 반출할 수 있는가?"

그랬더니 이 외국인은 담담하게

"임금님, 메뚜기는 아직도 1큐빗(cubit)밖에는 운반하고 있지 않습니
다. 창고에는 수천 큐빗이 있습니다."

이것을 들은 임금님은 이 외국인에 대해서 딸과 결혼시켜서 왕위에 오
르는 것을 허락했다고 한다.

'끝이 없는 이야기'라고 하지만 실은 무한에 가까울 정도의 유한의 이
야기이다.

앞에서 말한 『아라비안나이트』는 현재의 이라크 수도 바그다드를 중
심으로 한 설화인데 거기에서 남동쪽으로 200km 떨어진 곳에 고대 바빌

로니아의 수도 바빌론이 있다. 이 유적
의 대표적인 것으로 '바벨탑'(63페이
지)이 있는데 『구약성서』의 창세기에
나오는 전설에서는 노아의 자손들이
단결의 증표로 무한의 저편 하늘까지
닿는 탑을 세우려고 시도한 건조물이
었다고 한다.

동화나 전설, 설화에는 여러 가지

형태의 무한이 등장하고 있는데 시간적 무한과 양적(量的) 무한이 많다.

아래에 널리 알려진 동화, 전설, 설화를 몇 가지 열거했다.

시간적 무한

· 빨간 구두
　빨간 발레신발을 신고 영원히 계속
　춤춘다.

· 화조(火鳥)
　불로불사의 새로서 계속 산다.

· 큰곰자리(大熊座)
　여신(女神) 헤라의 시샘을 받은 칼
　리스토는 곰이 되어 큰곰자리가 되
　는데 북극성의 주위를 빙빙 돌고 절
　대 가라앉지 않는다(북반구에서는).

양적(量的) 무한

· 알라딘과 마법의 램프
　램프에 명령하면 먹거리나 금은, 보
　석이 얼마든지 나온다.

· 잭과 콩의 나무
　얼마든지 금달걀을 계속 낳는 닭

· 소금이 나오는 돌절구
　소금이 나오는 돌절구를 훔쳤는데
　멈추는 주문(況文)을 잊어버려 소금
　이 끝없이 계속 나온다.

---

3. 마법의 세계와 수학

동화, 전설, 설화는 동서고금의 사람들이 어렸을 적부터 들으면서 자란 것인데 이들 이야기에는 '마력을 가진 인물'의 등장이 많다.

초인간, 무한의 힘을 갖는 것에 대한 동경 때문일 것이다. 『신데렐라』, 『오즈의 마법사』에서는 착한 마녀가 등장하지만 『백조의 호수』나 『인어공주』에서는 나쁜 마녀가 나온다. 때로는 『백설공주』처럼 왕비가 마법의 약을 마시고 마녀로 변신하는 이야기도 있다.

"아 그렇게 말하면 이러한 설화에도 마녀가 나온다."

그러한 것이 얼핏 생각난 사람도 있을 것이다.

하여튼 마법이라 하면 여성이 많은데 현대의 점술사(占術師)의 세계에서도 여성이 많이 활약하고 있는 것으로 보아 마력(?)은 여성 쪽이 우수한지도 모른다. 어찌 되었든 오랜 옛날부터 사람들은 마력에 큰 매력이나 소원 그리고 두려움을 계속 갖고 있었음을 알 수 있다.

마법의 힘—마술—은 여러 가지 능력을 보여 주었다.

무한한 생산력, 위대하고 방대한 힘, 불사신(不死身), 출몰자재(出沒自在), 대소자유(大小自由)……사람들은 어떻게 하면 그것을 가질 수 있는가를 생각했지만 그것이 불가능하다는 것을 알게 되고 나서는 그 마술로부터 벗어나려면 어떻게 하면 되는지라는 방향으로 지혜가 향한 것이다.

이것에는 몇 가지 방법을 볼 수 있다.

◦ '신불(神佛)'이라는 마력 이상의 힘을 갖는 것에 의존한다.
◦ 마귀가 무서워하는 '주문(呪文)'에 의한다.
◦ 마귀가 피하는 '물건'에 의한다.

여기서는 세 번째의 '물건'에 주목해 보자. 옛날부터 널리 사용되고 있는 것으로서 별 모양(星形)이 있고 이것은 일필휘지(一筆揮之)이어서 빙빙 도는 것 때문에 마귀가 기절하여 물러간다고 믿어 각 가정의 입구 처마에

마법의 방진〈마방진(魔方陣)〉

4	9	2
3	5	7
8	1	6

가로, 세로, 빗금의
각 3개의 숫자의 합이
모두 같다.

부적의 그림

마귀가 기절한다.

※ 부적 : 마귀를 쫓는 물건

붙여서 '부적(符籍)'으로 했다.

수학 퍼즐로서 사람들에게 친숙해져 있는 '마방진'은 가로, 세로, 빗금 전방향의 숫자의 합이 같다는 불가사의한 성질을 갖는 것인데 이것이 부적으로서 피라미드의 입구에 붙여져 있다고 한다. '어떤 방향으로도 모두 같다'라는 것에 대해서 마귀가 마력을 잃는 것일 것이다.

마방진은 중국의 고대제국의 왕, 우(禹)의 시대에 낙수(格水)(지금의 황하)의 치수공사(治水工事) 중에 신구(神龜)가 나타나 이 거북의 등에 있던 모양의 점을 수로 바꿨을 때 만들어진 것이라고 일컬어지고 있다. 중국에서는 이것을 '낙서(洛書)'라 부르고 매우 진기한 수의 조(組)라고 생각하여 오늘날까지 전해졌다.

아마 고대 이집트와는 관계없이 독립적으로 창안된 것이라고 생각되지만 중국에서도 이것을 '부적'으로 사용하고 있다고 한다. 마력도 수학에는 약한 것이다.

앞에서 말한 부적의 별 모양은 '고대 그리스 수학의 왕'이라고도 할 수

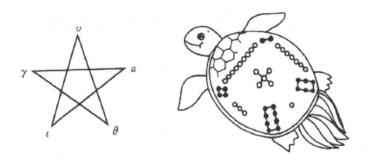

있는 피타고라스가 그 학파의 교장(校章)으로 사용한 것으로 유명하다. 일반적으로는 심신(心身)의 건강(νγιθα)도 의미한 도형이라고도 일컬어지고 뒤에는 미(美)의 대표 '황금비(黃金比)'를 갖는 도형이라 일컬어지기도 했으나 피타고라스학파가 어떤 종교단체였다는 것을 생각하면 부적으로서 사용되었는지도 모른다는 추측도 가능하다.

다른 종교의 무한의 힘에 대한 대항이라고 생각해 보는 것도 재미있다.

휴게실―거울 속의 무한―

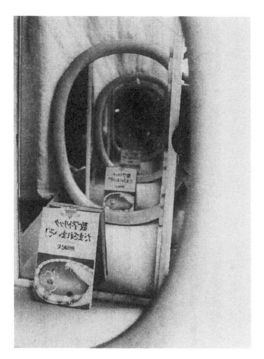

평행인 2매의 거울로 '무한'을 만들 수 있다.

제2장

생활 속 무한의 함정

1. 만담〈落語(라쿠고)〉에서 보는 무한

일본인에게 있어서 '라쿠고〈落語(만담)〉'는 귀중한 문화유산이고 전통적 오락의 하나이며 화술(話術)의 모델이기도 했다.

일찍이 공교육(公敎育) 기관이 없었던 시대에는 서민의 교육, 교양이나 교훈·상식지도 등의 면도 담당해 왔다고 할 수 있는 것이다. 화제의 내용을 차분하게 읽으면 그 깊숙한 곳에서 일본사회나 일본인을 볼 수 있어 흥미롭다.

'라쿠고'의 기원은 일본 전국(戰國)시대의 무장을 섬기는 '오토기슈(伽衆)'[1]의 화술로서 그 대표가 도요토미 히데요시를 섬긴 소로리 신사에몽(曾呂利新左衛門)이다. 이윽고 교토, 오사카, 에도(지금의 도쿄)의 시민사회에 소담(笑談)이 유행되고 17세기 후반에 직업 만담가가 번화가의 오두막집에서 '쓰지바나시(辻咄)'[2]를 시작했다고 하니까 400년의 전통이 있다.

라쿠고는 에도시대 초기에는 단순히 '하나시(咄)'라 했으나 겐로쿠(元錄)시대에 '오치(落ち)'가 있는 형식이 되어 '오치바나시(落ち咄)'라 부르게 되었고 메이지(明治) 10년에 '라쿠고(落語)'라고 음독(音讀)하게 되었다고 한다.

이 라쿠고에는 내용, 형식에서 다음의 7종류가 있다.

1 　역주: 일본 무로마치시대 이후의 영주(領主)의 말벗이 되었던 사람
2 　역주: 길거리에서 하는 우스갯소리

(1) 젠자바나시(前座咄)[3]

(2) 닌죠바나시(人情咄)[4]

(3) 가이단바나시(怪談咄)[5]

(4) 시바이바나시(芸居咄)[6]

(5) 온교쿠바나시(音曲咄)[7]

(6) 산다이바나시(三題咄)[8]

(7) 오다이바나시(お題咄)

　한편 화제를 '수학의 눈'으로 보면 아이디어에 수학을 이용하고 있는 것을 발견한다.

　지금 곁에 있는 『라쿠고 수첩(落語手帖)』(야노 세이이치 지음)을 펴서 거기에 채택하고 있는 약 300개의 제목을 분류하면 아래와 같다.

　◦ 계산 퍼즐: '時そば', '壺算', 'かぼちゃ屋', '血屋敷', '人形買い'

　◦ 확률(추첨): '御慶(千兩富)', '富久' '水屋の富' '宿屋の富'

3　역주: 정규 프로그램에 앞서 하는 라쿠고

4　역주: 인정이나 세상의 물정을 소재로 한 라쿠고

5　역주: 괴담을 주제로 한 라쿠고

6　역주: 악기와 소품을 곁들인 연극조의 라쿠고

7　역주: 샤미센〈三味線〉등의 음곡을 곁들인 라쿠고

8　역주: 관객으로부터 제목 셋을 받아 즉석에서 그것을 전부 사용하여 만드는 라쿠고

◦ 토폴로지: 'あたま山'[9]

◦ 패러독스: '三方一兩損', '饅頭こわい', '井戸の茶疏'

◦ 무한: '주게무(壽限無)', '花見酒', '噓つき村', 'やかん', '千早振る', '浮
   世根間'

위에서 알 수 있는 것처럼 계산, 확률이나 무한에 대한 것을 많이 볼 수
있다.

여기서는 이 책의 주제인 무한에 대한 것을 소개한다.

주게무(壽限無)　이것은 하나에 대한 것을 되
풀이하기 때문에 젠자(前座)[10]의 입을 길들기
위한 만담이라 하고 어떤 사람이 태어난 사내
아이의 장수(長壽)를 바란다고 스님에게 좋은
이름을 부탁하면,

"주게무(壽限無), 주게무, 5겁(五劫, 오랜
세월)이 닳아 끊어지지 않고 바다 자갈 수어(水漁)의 물이 흐르는 끝, 구름
이 가는 끝, 바람이 부는 끝, 먹고 잠자는 곳에 사는 곳, 어슬렁 어슬렁 좁은
길, 파이포 파이포, 파이포의 슈리간, 슈리간의 구린다이, 구린다이의
퐁포코나, 퐁포코나의 퐁포코피, 목숨이 긴 나가스케(長助)" 라고 경사

9　머리의 연못에 뒤집은 상태로 뛰어들어 자살한다.

10　34페이지 젠자바나시 참조

스러운 말을 늘어놓았기 때문에 너무나도 긴 이름이 되고 거기에서 생기는 여러 가지 문제를 우스개 이야기로 하고 있다. 주게무란 '수(壽)가 끝이 없이'라는 것으로 무한의 행운을 바라는 이야기이다.

거짓말쟁이 마을(嘘つき村) 신슈(信州)에 마을 사람 전부가 거짓말을 하는 '거짓말쟁이 마을'이 있다고 들은 에도(江戶) 간다(神田)의 거짓말 명인이 거짓말 시합을 하러 간다. 마을에서 첫째가는 거짓말쟁이가 이 명인에게 "이 세상이 몽땅 들어갈 만한 나무통을 보았다"라고 했더니 그곳의 아이는 "나도 큰 대나무를 보았다. 처음에는 죽순(竹笋)이었는데 무럭무럭 커져서 구름 속으로 숨어 버리고 또 땅에 닿으면 뿌리가 내려 죽죽 커져서……"라고 말하여 아버지가 "그러한 대나무가 어디 있어"라고 했다. 그랬더니 그 아이는 "그렇지만 그 정도의 대나무가 없으면 그 나무통에 두를 대오리가 없어 난처하겠지요"라고 했다.

　이 아이는 대나무의 크기를 순환하는 무한으로 표현하려고 했다.

주전자(やかん) 삼라만상(森羅萬象)을 모르는 것이 없다고 호언장담하는 노인장이 있는 곳에 하치고로(八五郎)가 찾아와서 무리난제(無理難題, 생트집을 잡는)의 질문을 한다. 처음에는 성태(魴鮄, 호보), 양태(鮪, 고치), 광어(平目, 히라메), 가자미(鰈, 카레인), 정어리(鰯, 이와시) 그리고 고래(鯨, 구지라) 등에 대해서 물고기 이름의 유래를 묻는다. 노인장은 아주 그럴싸하게 억지로 갖다 붙여 예컨대 호보(여러 방향)에 있는 물고기이니까 호보

(魴鰤)이고 곳치(여기)로 오기 때문에 고치(鮴) 등이라 대답한다.

"야캉(주전자)은?"이라고 물었더니 "처음에는 물 끓이는 그릇이었는데 싸움터에서 갑옷이 없는 병사가 이것을 머리에 쓰고 싸웠다. 적의 화살(矢, 야)이 이것에 맞아 캉. 화살(야)이 캉 하여 야캉이 됐다"라고 대답했다.

저렇게 말하면 이렇게 말하는 등 아는체하고 말하는 사람, 거짓말인데도 아주 그럴싸하게 억지로 갖다 붙이는 사람을 '야캉'이라 하는 것 같고 그것은 이 우스개에서 나온 말이라 한다.

우키요네도이(浮世根問)[11]   이것도 노인장과 여덟 살배기와의 문답 이야기이다.

여덟 살짜리가 질문한다.

"학이나 거북이 죽으면 어디로 가나요?"

"경사스러운 것들이니까 극락(極樂)으로 가지."

"극락은 어디에 있어요?"

"지옥의 이웃에 있다."

"지옥은 어디에 있나요?"

이와 같이 하여 꼬치꼬치 캐묻는 것에 대하여 노인장은 그럴듯하게 어디까지나 둘러댄다〈끝없는(endless) 회화〉.

일본 관서(關西)지방 말로는 이러한 꼬치꼬치 캐묻는 것을 '네도이(根問)'라고 하는데 이 제목은 '네도이물(物)'의 대표라 일컬어지고 있다.

---

11 역주: 속세의 끝까지 꼬치꼬치 캐묻는 것

'야캉'이라 하고 '우키요네도이
(浮世根問)'라고 하여 집요하게 계
속 질문하여 상대방을 난처하게 만
들려 한다. 한편 질문을 받는 쪽은
거짓말이든 엉터리이든 입에서 나
오는 대로 말을 늘어놓아 계속 요리
조리 피한다.

이것은 끝없이 계속되지만 대개의 경우 질문을 받는 쪽이

"이제 귀찮아. 그만둬!"

"그러한 것은 신이 결정한 거야."

"그 다음은 내일 하자."

등이라고 하여 종지부가 찍힌다. 무한논법의 극한이다.

아이가 어머니에게 '왜'라든가 '어째서'라고 계속 질문하는 것도 비슷
한 결과가 된다.

'수학의 세계'는 논리의 구성이기 때문에 당연히 '왜', '어째서'가 전개
된다. 특히 기하(도형의 증명)에서는 그것이 주류가 된다. '왜', '어째서'라
고 추궁해가면 머지않아 설명이 궁해지는 곳까지 온다. 그래서 용어에 대
해서는 '정의'를 한다. 성질에 대해서는 '공리(公理)'로 하여 이 이상의 질
문은 소용없음, 즉 문답할 필요가 없음을 설정하고 있다.

'점(点)'을 예로 들면 한때는 위치만 있고 크기가 없다라든가 선의 끝
은 점이다 등이라고 정의를 했다. 그러나 위치란 무엇인가, 크기란, 선이

선분 AB상에 한 점 C를 취하고 AC, BC를 각각 한 변으로 하는 정삼각형
ACD, CBE를 만들 때 AE = DB를 증명하라.

[증명]

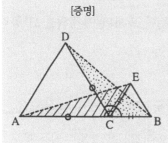

왼쪽 그림에서 $\triangle$ACE 와 $\triangle$DCB 는

AC = DC

CE = CB

∠ACE = ∠DCB (1)

2변과 그 사이의 각이 같기 때문에

(2) 3각형의 합동조건에 의하여

$\triangle$ACE $\equiv$ $\triangle$DCB

따라서 대응변은 같아서

AE = DB

(1) $\dfrac{\angle ACD}{60} + \angle DCE = \angle DCB + \dfrac{\angle ECB}{60}$

"같은 것에 같은 것을 더한 것은 같다" 왜?

(2) 삼각형의 합동조건이란 무엇인가?

"두 변과 그 사이의 각이 같다"면 합동이 된다. 왜?(188페이지 참고)

란, 끝(端)이란 이 되다보면 또 이것을 설명하지 않으면 안 된다. 그래서 현재는 '무정의술어(無定義述語)'로 되어 있다.

앞 페이지에는 도형의 증명 문제와 그 증명을 문제 삼아보았는데 여기서 사용되고 있는 용어나 기호, 식에 대해서 왜냐, 어째서냐를 일일이 추궁해가면 이 간단한 문제라도 몇십 페이지를 소비해도 설명이 끝나지 않는다.

지금으로부터 2300년 전에 고대 그리스의 유클리드는 그때까지 약 300년간의 방대한 자료를 집대성하여 『원론』(통칭 유클리드기하학)을 완성했다. 이것은 13권으로 되어 있는데 그 제1권에 **정의**를 23, **공리**를 5, **공통개념**(기본성질)을 8개 설정했다.

각각의 대표 예를 나타내어 보면,

정의─선은 폭이 없는 길이이다(현대에서는 무정의술어).

공리─임의의 점에서 임의의 점으로 직선을 그을 수 있는 것

공통개념─같은 것에 같은 두 개의 것은 또한 서로 같다.

유클리드는 이 세 가지를 토대로 하여 도형의 논증학을 구축한 것인데 역의 견지로서는 왜, 어째서의 추구를 여기서 정지시키고 "이것 이상은 약속이니까 묻지 말라"라고 한 것이다.

앞 페이지 삼각형의 합동조건은 결정조건, 닮음조건과 함께 중학교에서는 증명의 토대로서 중요한 것이다.

2. 데마(유언비어)의 퍼짐

사람이 모이면 회화가 행하여지고 사회에는 여러 가지 정보가 흐른다.

회화의 내용이나 정보가 사람들 사이에 퍼지는지 퍼지지 않는지는 그 내용에 따른다. 또 급속히 퍼지는 것이 있는가 하면 천천히 퍼지는 것도 있어 매우 흥미롭다.

각종 회화의 내용, 정보 중에서 '데마'만큼 빨리 사람들에게 전달되는 것은 없다. 데마란 데마고기(demagogy, 선동, 악선전)의 약자로 유언비어로서 입에서 입으로, 때로는 매스컴을 타고 광범위하게 전달된다.

여기서는 일본과 세계를 돌아다닌 유명한 데마의 예를 두가지 소개한다.

링풀(ring pull)과 휠체어(wheel chair) "링풀을 모아 휠체어를 보내자"라는 운동(캠페인)이 어느새인가 "캔주스의 링풀을 1만 개 모으면 신체장애인용의 휠체어를 받을 수 있다"라는 데마가 되어서 일본에 전해졌다(1988년 9월).

링풀로는 300만 개나 모으지 않으면 1대에 10만 엔이라는 휠체어는 살 수 없다 한다. 상식적으로 생각해서 주스캔이라면 모르되 작은 링풀 1만 개로는 약간의 금액밖에 되지 않는 것을 아는데도 선의(善意)가 제멋대로 '1만 개'가 되어서 퍼진 이야기이다.

중태(重態)의 소년에게 그림엽서를! 앞 이야기의 1년 전쯤에 공적(公的) 통신 시설을 통해서 허위 보도가 세계를 돌아다녔다. 그것은 다음과 같은 이야기이다.

"영국의 바디 소년이 암 때문에 중태이다. 그 소년은 죽을 때까지 세계

최근에는 이러한 데마도……(아사히신문 1992. 7. 4)

의 그림엽서를 모아 기네스북에 기록을 남기려고 하고 있다. 협력하여 주기 바람."

이것이 전해지자 수신처로 된 스코틀랜드의 우체국에는 세계에서 그림엽서를 보내와 그 처리에 두 손을 든 상태가 되었다고 한다(조작한 사람은 불명).

모두 선의에 가득 찬 것이고 게다가 누구라도 도울 수 있다는 것 때문에 그다지 사실을 확인하지 않고 사람들이 행동하고 있다는 것이 공통점이다.

그러나 데마 중에는 실제 피해를 수반하는 사회문제가 되는 것도 있다.

A신용금고가 위험하다　10년쯤 전에 실제 있었던 보도이기 때문에 익명으로 해둔다.

"A신용금고에서는 공금을 유용한 자가 있는 것 같다", "직원 중에 5억 엔을 가지고 달아난 자가 있어 경영이 이상하게 되었다", "이사장(理事長)

이 불황에 고통을 받아 목매어 자살했다" ……그러한 데마가 시중에 흘러 12월 14일 이른 아침부터 예금을 인출하는 사람의 행렬이 있었고 총액 8억 엔이 인출되었다고 한다.

악질적인 데마로서 경찰이 조사했더니 12월 8일 학교로 가는 전차 속에서 여자 고교생 3명이 잡담을 하던 중 그 중의 한 사람이 내년 봄에 A신용금고에 근무하게 되었다는 이야기에서 다른 한 사람이 반놀림으로 "신용금고는 위험해"라고 말한 것이 어느새 A신용금고가 위험하다는 것이 되었고 과장되어서 시중에 퍼진 것이라고 판명되었다.

불과 6일간에 이 데마가 시중에 알려진 것이다.

이 정도에서 슬슬 '수학의 눈'으로 데마를 분석하여 보도록 하자.

그러기 위해서는 많은 데이터를 모을 필요가 있으나 그것은 생략하고 이미 알려져 있는 것을 열거한다.

° 많은 사람이 공통적으로 흥미와 관심을 갖는 내용일 것
° 정확한 정보가 부족하고 사람들이 제멋대로 상상하기 쉬울 것
° 전쟁, 대재해, 경제불황 또는 정치적 위기라고 하는 불안상태일 것

실례로는 관동대지진 직후의 "한국인이 우물에 독을 넣었다"라는 근거 없는 풍설로부터 무고한 사람들에 대한 학살, 제2차 대전 종전 시의 "미군으로부터 남자는 살해, 여자는 폭행을 당한다"라는 유언비어, 또한 오

일쇼크 때의 "화장지나 세제가 없어진다"라는 데마에 따른 매점매석 등이 있다.

흥미 있는 데마나 중요한 정보는 사람으로부터 사람에게 어떻게 전파되어가는 것일까.

지금 조건을 단순히 하여 계산해 보면(아래 그림) 어떤 데마나 정보가 어떤 한 사람으로부터 10분간에 10명씩 전파된다고 할 때 1시간 후에는 무려 100만 명이 알게 되는 것이 된다.

이대로 전파되어서 거듭 1시간 동안 세계에 전파되었다고 하면 얼마만큼의 인간이 알게 되는 것일까.

이것은 '10의 12승'이라는 굉장한 수로 1조(兆)를 넘기 때문에 현대의 지구의 전 인구 80억 명에게는 2시간도 안 되어서 알릴 수 있다.

도요토미 히데요시의 가신(家臣)인 소로리 신사에몽의 일화(188페이지)에 있는 a^n의 형태의 것은 '적산(積算)'이라 하고 급격히 증가하는 식이다.

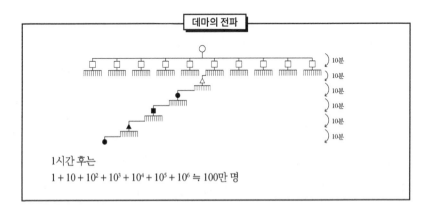

데마의 전파

$$)\ 10분$$
$$)\ 10분$$
$$)\ 10분$$
$$)\ 10분$$
$$)\ 10분$$
$$)\ 10분$$

1시간 후는
$$1 + 10 + 10^2 + 10^3 + 10^4 + 10^5 + 10^6 ≒ 100만 명$$

3. '쥐계(契)'의 계략

사람들이 잊을 무렵 매스컴을 떠들썩하게 하는 것이 가짜 '쥐계'의 대중 피해사건이다.

"참 잘도 싫증 내지 않고 보도를 하고 또 걸리기도 하는군"이라고 약간 어이가 없을 정도이다. 쥐계를 금지하는 법률의 이름은 '무한연쇄계 방지에 관한 법률'이라는 것으로 '무한'이라는 말이 있으니 이 책에서 취급하지 않을 수 없을 것이다.

이 법률은 일본에서 1979년에 제정은 되었으나 이 법망을 뚫고 빠져나가기라도 하듯이 금전이 아니고 국채(國債)를 사용한 신종 쥐계가 등장하여 서둘러 법을 개정하지 않을 수 없었다. 그 뒤에도 다이아몬드에 의한 것 등 가짜 쥐계가 없어지지 않는 것이다.

그런데 여기서 새삼스레 쥐계란 무엇인가를 생각하고 또 어떠한 폐해가 있는가를 조사해 보자.

'계(일본명으로는 講)'의 탄생은 멀리 나라·헤이안(奈良·平安)시대로 소급하여 조정이나 각 사원에서 행해진 승려에 의한 불전강독(佛典講讀)의 집회가 기원이었다. 무로마치(室町)시대가 되어서는 불교뿐만 아니고 신사(神社)에도 많은 계가 생기고 에도(江戸)시대에는 각 계의 계원(契員, 일본어로는 講員)이 계의 유지비나 여비를 위해 일수, 월수를 찍게 되었다.

이렇게 하여 적립된 돈이 본래의 목적 외에 금융 등에 도움이 있도록 되는데 이것이 유명한 다노모시(賴母子)계나 무진(無盡)이다. 이것을 악

불과 1,000엔의
투자로
1000만엔!

용하고 비용이 쥐산식(算式)[12]으로 증가하는 것으로부터 이름 붙인 것이 쥐계이다.

회원이 되고 상위(上位)에 올라가면 자(子)회원, 손(孫)회원, 증손(曾孫)회원으로부터 돈이 들어와 단기간에 다액의 수입이 된다는 조직이라 하고,

'불과 1,000엔의 투자로 1,000만엔' [1,000만엔 획득게임(game)]

'6,000엔의 투자로 512만엔'(고교생 상대)

등의 선전문구로 회원을 모으는 교묘한 것이다.

확실히 초기(상위)의 사람들은 선전대로의 큰돈이 들어오지만 뒤에 들어온 하위의 대다수 사람들은 원금(元金)도 잃는 피해를 당하는 것이다.

인간의 수가 '무한'일 때에는 회원 모두가 큰 돈을 입수하는 것이 가능하지만 현실적으로는 전 항의 데마의 경우와 마찬가지로 단기간 내에 입회하는 회원의 씨가 말라 버리는 것이다.

여기서 한 가지 구체적 예로서 고교생을 표적으로 한 쥐계의 조직을 소개한다.

우선 신입회원이 되면 6,000엔을 지불하는데 그 돈의 행방은 '순위가 1위의 사람에게 5,000엔, 8위의 사람에게 1,000엔'이다. 또 이때 자기 아래에 2명을 가입시키지 않으면 안 된다. 그러나 자기보다 하위의 사람

---

12   역주: 에도시대에 발달한 일본식 셈법의 하나로서 등비급수를 쥐의 왕성한 번식력을 예로 다룬 계산법

이 증가하여 자기 순위가 8위가 되면 8,000엔을 손에 넣고 여기서 밑천이 되돌아온 후 1위가 되면 오른쪽 그림의 계산처럼 512만 엔이 입금되는 것이다.

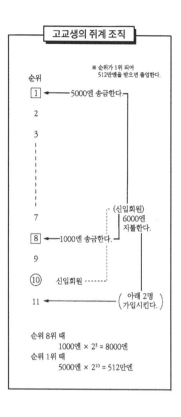

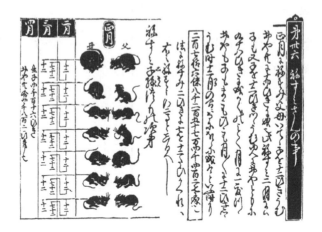

'쥐계'의 쥐는 쥐가 급속히 증가하는 쥐산으로부터 유래하고 있다.

다음의 그림은 에도시대의 서당(書堂)에서의 산수교과서 『진겁기(塵劫記)』(吉田光由 지음, 1627년) 중 '쥐산에 관한 것'의 2페이지이다.

"정월에 쥐의 부모는 새끼를 12마리 낳는다. 부모와 함께 14마리가 된다. 이 쥐가 2월에는 새끼들도 또한 새끼를 12마리씩 낳기 때문에 부모와 함께 98마리가 된다……"

12개월 동안에 처음의 2마리가 무려 276억 8257만 4402마리가 된다고 한다.

이 굉장한 증가방법이 쥐산(算)의 유래인 것이다(189페이지).

제3장

무한과의 장난

1. 여러 가지 퍼즐

'무한'은 불가해(不可解)인 것만큼 수학의 세계에서도 여러모로 상식과 다른 것이 일어나 사람들을 헷갈리게 한다.

오른쪽의 문제도 원래는 당당한 수학의 문제이지만 퍼즐적인 묘미가 있다.

(1)에 대해서는 "절대로 이퀼은 아니다"라고 하는 사람이 있다. 만일 이퀼이라면 어째서인가 라는 것

수의 불가사의

(1) 0.99999…… = 1은 옳은가?

(2) 1m의 끈을 접어서 정확히 3등분할 수 있는데 계산의
1 ÷ 3 = 0.33333……
에서는 나누어떨어지지 않는다. 어째서인가?

(3) 0.413413413……
의 무한소수는 딱 들어맞는 유한 분수가 되는가?

(2)에 대해서는 하나의 것이 보는 방법에 따라 딱이기도 하고 애매하게도 보이는 것

(3)에 대해서는 무한과 유한은 명확한 차이가 있는데도 무한을 유한으로 나타내려고 하는 것 등으로 어느 것도 '불가사의'이다.

'점점 작아지는 분수의 합'이라는 점에서는 53페이지의 (1)과 (2)와는 닮고 있다.

(1)의 답이 1이 되기 때문에 (2)도 답은 2이거나 3이다. 커봤자 고작 10 정도라고 생각해 버리지만 이쪽은 무한대가 된다. 더구나 그 설명이 볼 만할 것이다.

세상에는 '사이비'(他而非, 비슷하면서도 다른 것)라는 것이 많다.

사이비○○, 가짜○○, 위조브랜드상품, 회화(繪畵)·문학작품 등의 안

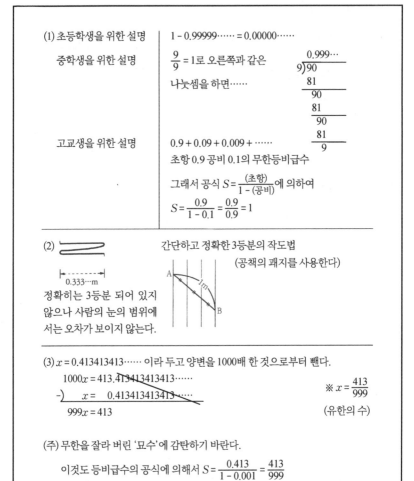

(1) 초등학생을 위한 설명 $1 - 0.99999\cdots = 0.00000\cdots$

중학생을 위한 설명 $\frac{9}{9} = 1$ 로 오른쪽과 같은

나눗셈을 하면……

$$9)\overline{90} \\ \quad\;\; 81 \\ \quad\; \overline{\;\;90} \\ \quad\;\; 81 \\ \quad\; \overline{\;\;90} \\ \quad\;\; 81 \\ \quad\;\;\; \overline{9}$$

$$0.999\cdots$$

고교생을 위한 설명 $0.9 + 0.09 + 0.009 + \cdots$

초항 0.9 공비 0.1의 무한등비급수

그래서 공식 $S = \dfrac{(\text{초항})}{1 - (\text{공비})}$ 에 의하여

$$S = \frac{0.9}{1 - 0.1} = \frac{0.9}{0.9} = 1$$

(2)   간단하고 정확한 3등분의 작도법

(공책의 괘지를 사용한다)

0.333…m

정확히는 3등분 되어 있지
않으나 사람의 눈의 범위에
서는 오차가 보이지 않는다.

(3) $x = 0.413413413\cdots$ 이라 두고 양변을 1000배 한 것으로부터 뺀다.

$$1000x = 413.413413413413\cdots$$
$$-)\quad\;\; x = \;\;0.413413413413\cdots$$
$$\overline{999x = 413}$$

※ $x = \dfrac{413}{999}$

(유한의 수)

(주) 무한을 잘라 버린 '묘수'에 감탄하기 바란다.

이것도 등비급수의 공식에 의해서 $S = \dfrac{0.413}{1 - 0.001} = \dfrac{413}{999}$

작(贋作)·모작(模作)·위작(僞作) 등, 비슷하면서도 다른 것이 동화, 교훈화
(敎訓話), 우화에 등장하는 것도 흥미롭다. 꽃피우는 할아버지, 금도끼, 은
도끼, 혹 떼는 할아버지 등.

이러한 이야기에서는 착한 자와 악한 자, 비슷한 것 중에 있는 '아닌 것 (非)'을 찾아내는 것이 중요하고 이 시점(視點)은 앞에서 말한 쥐계나 그 모조품과 참된 계나 적립금과의 차이의 발견이다.

그런데 59페이지에 열거하는 도형도 '사이비'로서 어느 쪽도 '어디까 지나 계속해서'라는 무한의 사고의 도입으로 되어 있다.

비슷하면서도 다른 계산

(1) $\dfrac{1}{2} + \dfrac{1}{4} + \dfrac{1}{8} + \dfrac{1}{16} + \cdots\cdots$의 답은 1

그 이유는 ① 등비급수로부터 ② 아래의 그림으로부터

① 초항 $\dfrac{1}{2}$, 공비 $\dfrac{1}{2}$이니까   ②

$$S = \dfrac{\dfrac{1}{2}}{1 - \dfrac{1}{2}} = 1$$

(2) $\dfrac{1}{2} + \dfrac{1}{3} + \dfrac{1}{4} + \dfrac{1}{5} + \dfrac{1}{6} + \cdots\cdots$의 답은 얼마인가?

---

(2)의 사고방법

$\dfrac{1}{2}$

$\dfrac{1}{3} + \dfrac{1}{4} = \dfrac{7}{12} > \dfrac{1}{2}$

$\dfrac{1}{5} + \dfrac{1}{6} + \dfrac{1}{7} = \dfrac{107}{210} > \dfrac{1}{2}$

$\dfrac{1}{8} + \dfrac{1}{9} + \dfrac{1}{10} + \dfrac{1}{11} = \dfrac{1691}{3960} > \dfrac{1}{2}$

+) ……

$\dfrac{1}{2} + \dfrac{1}{3} + \cdots + \dfrac{1}{11} + \cdots > \dfrac{1}{2} + \dfrac{1}{2} + \dfrac{1}{2} + \dfrac{1}{2} + \cdots\cdots$

따라서 $S > \dfrac{1}{2} + \dfrac{1}{2} + \dfrac{1}{2} + \dfrac{1}{2} + \cdots\cdots$ 가 되어 S는 무한대가 된다.

한쪽은 원의 넓이를 구하는 데 직사각형(세로가 반지름, 가로가 원둘레의 절반)으로 고쳐서 넓이를 구하는 방법이고 다른 한쪽은 원둘레와 지름과의 길이의 관계이다. 설명의 전개는 전적으로 같은데 결과는 다르다. 차분하게 무한이 갖는 재미를 감상하기 바란다.

뒤에 상세히 언급하겠지만 수학에서 무한을 파악하는 방법이 두 가지 있다.

(1) 자연수의 정의라고도 할 수 있는 '페아노의 공리'
(2) 장기짝 넘어뜨리기(도미노 게임) 논법이라고도 할 수 있는 '파스칼 의 수학적 귀납법'

흔히 인문계 사람들이 짓궂게 화제로 하는 1 + 1 = 2는 어째서인가에 대답하는 데에 (1)을 사용할 수 있다.

한편 (2)로부터 "지구상의 모든 토지는 사막이다"를 유도할 수 있다.

수학적 귀납법이란 자연수 n에 대한 명제 $P(n)$에서
$n = 1$일 때 성립한다.
$n = k$일 때 성립한다고 가정하여 $n = k + 1$에서 성립한다.
이 두 가지의 것을 확인할 수 있다면 이 명제의 무한의 모두에 대하여 성립한다.

그러면 이것을 사용하여 59페이지의 표의 (1)을 설명하자.

지금 나무가 한 그루밖에 없는 토지는 사막이다. 나무가 k그루일 때 사막이라 부른다면 여기에 한 그루를 더하여도 사막이기 때문에 "지구상의 모든 토지는 사막이다"라고 말할 수 있다.

59페이지의 표의 (2)에 대해서도 이것 또한 수학적 귀납법으로 설명하여 보자(190페이지에).

2. 메타모르포세스(Metamorphoses)

설화나 사회의 사상(事象) 중에는 어디까지나라든가, 언제까지라도 되풀이해서라든가 무한에 관계되는 것이 많은데 미술 속에서도 그것을 찾아낼 수 있다. 일본의 옛날 집의 큰 대청에서 볼 수 있는 맹장지나 병풍, 서구의 성(城) 안의 벽화(壁畵) 등에는 연속된 그림 이야기가 있고 또 예로부터의 '이야기·전설 등을 그림으로 그린 두루마리'에는 면면한 연속이야기가 있다.

이 종류의 그림 중 대표는 엣셔에 의한 메타모르포세스(변용, 變容)일 것이다.

그는 속임 그림풍의 작품으로 알려지는 판화가(版畫家)로서 그림이 연속적으로 변화하면서 마지막에는 시발점으로 되돌아간다는 '무한히 되풀이 하는 구도(構圖)'의 것을 만들었다.

이 메타모르포세스의 첫 작품은 1937년이고 위의 그림은 그로부터 30년 후의 세 번째 작품으로 그 일부이다.

'연속변용'은 말에 대한 '말잇기 놀이'나 '연상(連想)게임' 등의 회화판(繪畫版)이라 할 수 있을 것이다.

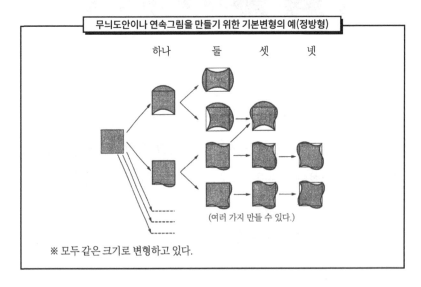
무늬도안이나 연속그림을 만들기 위한 기본변형의 예(정방형)

하나　둘　셋　넷

(여러 가지 만들 수 있다.)

※ 모두 같은 크기로 변형하고 있다.

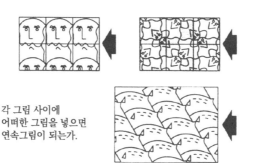

각 그림 사이에
어떠한 그림을 넣으면
연속그림이 되는가.

이 메타모르포세스를 그리는 것은 상당히 어려운데 그 순서는,

(1) 56페이지처럼 기본형을 변형하고

(2) 이것에 맞춰서 즐거운 그림을 그려

(3) 그것을 몇 조씩이나 만들어서 잘 조합하여 간다.

위의 그림은 이전에 연습용으로 학생에게 그리도록 한 것인데 이것들을 배열한 그림이다.

각 공란(空橋)(화살표 부분)에 어떠한 그림을 넣으면 메타모르포세스가 완성되는 것일까 연구해 보기 바란다.

[하단(下段)의 약해(略解)를 190페이지에 나타내 둔다.]

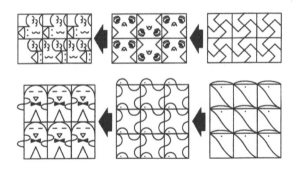

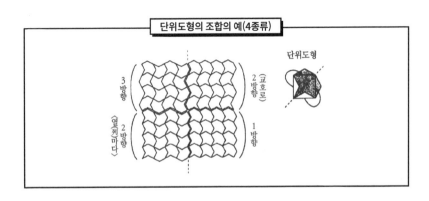

단위도형의 조합의 예(4종류)

단위도형

3방향

2방향(교호로)

〈열(列)마다〉 2방향

1방향

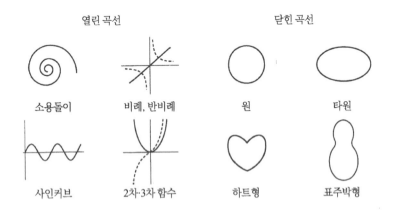

열린 곡선		닫힌 곡선	
소용돌이	비례, 반비례	원	타원
사인커브	2차·3차 함수	하트형	표주박형

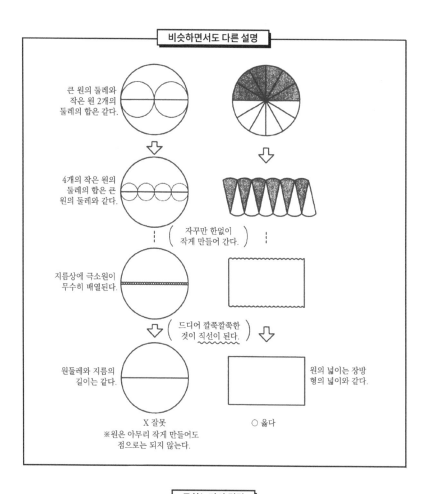

비슷하면서도 다른 설명

큰 원의 둘레와
작은 원 2개의
둘레의 합은 같다.

4개의 작은 원의
둘레의 합은 큰
원의 둘레와 같다.

자꾸만 한없이
작게 만들어 간다.

지름상에 극소원이
무수히 배열된다.

드디어 깔쭉깔쭉한
것이 직선이 된다.

원둘레와 지름의
길이는 같다.

원의 넓이는 장방
형의 넓이와 같다.

X 잘못

○ 옳다

※원은 아무리 작게 만들어도
점으로는 되지 않는다.

무한논리의 결말

(1) 지구상의 모든 토지는 사막이다.
(2) 양동이 속에는 물이 얼마든지 들어간다.

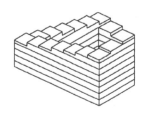

무한계단(1961년)

'바벨탑'을 상상시키는
'스파이랄 미나레트'(이라크의 사마라)

3. 무한곡선과 영구운동

전 항에서 소개한 '속임수 그림'의 대가(大家) 엣셔(1898~1972)는 네덜란드의 판화가로 대표작품은 『메타모르포세스』이지만 그 밖에 가지가지의 불가사의한 그림을 제작하여서 유명하다. 그중에는 '무한'이나 '영구'를 테마로 한 것이 몇 가지나 있다.

다음 그림의 '무한계단'도 그 하나로서 오르고 올라도 영구히 계속 올라가는 계단으로 필자는 문득 '바벨탑'이 생각났다.

같은 3차원적 회전이라도,

(1) 무한계단은 순환영구운동

(2) 바벨탑은 나선(螺旋) 상승형이라는 상이한 '무한'이다.

여기서 새삼 도형의 기본 중 하나인 '선'에 대하여 생각해 보자.

선의 분류는 그 관점에서 여러 가지로 생각할 수 있다.

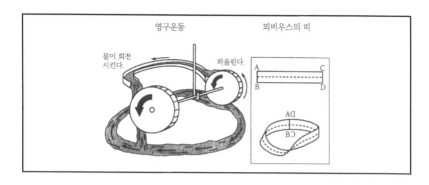

유한	선분과 같은 것	직선	쪽 곧은 선
무한	양 끝이 없는 것	곡선	구부러져 있는 선
닫혀 있다.	넓이가 있다.	평면	2차원
열려 있다.	넓이가 없다.	공간	3차원

　이것들을 조합시키면 '선'에 의한 무한을 만들 수 있는데 우리의 주변이나 사회면(빌딩의 비상계단 등)에 많은 것이 앞 페이지의 (1)과 (2)이다.

　테이프를 한 번 비틀어서 양 끝을 합쳐 만든 '뫼비우스의 띠'는 패러독스는 아닌 (1)의 대표와 같은 것이다. 통상 '표리(表裏)가 없는 종이'라 부르고 있는데 테이프의 한복판을 다음 그림 점선처럼 더듬어 가면 무한으로 빙빙 돈다.

　인간은 아득히 먼 옛날부터 '영구운동'에 흥미가 있어 많은 과학자가 이에 도전했는데 아르키메데스나 레오나르도 다빈치 등 여러 가지 연구를 했을 것이다.

　중력이라든가 저항이라든가 하는 것이 없다면 위의 영구운동도 가능할 것이지만 현실적으로는 다른 힘을 갖고 보충해주지 않으면 영구운동은 성립되지 않는다. '무한'은 존재하지 않는 것이다.

다음은 유명한 엣셔의 그림인데 영구운동이 성립할 것 같이 보이는 멋진 것이다. 이러한 인간의 꿈이 실현되도록 근년에 '초전도'가 개발되었다.

이것은 1911년 네덜란드의 카멜린 온네스가 수은에 대하여 발견한 것으로 절대영도 가까이 냉각하면 전기저항이 급격히 감소하여 제로에 가까워지는 현상이다.

수은 이외에 알루미늄, 아연, 주석 등 많은 금속에 대해서 이 현상을 볼 수 있다고 한다.

전기저항이 제로라고 하는 것은 영구운동이 가능하다는 것으로 실사회에 '무한'이 존재한다는 것이 되는 획기적인 것이라 할 수 있을 것이다. 어떤 계산에 따르면 흐르기 시작해서 멈출 때까지의 초수(秒數)는 10^{20}초로 이것은 우주의 연령 10^{17}초(100억 년 정도)보다 긴 수명이라고 하므로 우주 척도(尺度)의 무한이라 할 수 있다.

컴퓨터와 관련하여 초전도의 정보가 가끔 보도되므로 관심을 가져보자.

들어간 비커가 뜬다.

엣셔 '폭포'(1961년)

휴게실—바벨탑—

브류겔의 '바벨탑'

바벨탑(24페이지로부터)

노아의 자손들이 단결의 증표로 하늘에 다다르는 무한 나선계단의 탑을 세우기 시작했을 때 신은 인간의 오만함을 노여워하여 이것을 파괴했다. 게다가 두 번 다시 계획의 상담을 할 수 없도록 하기 위해 인간에게 따로따로의 언어를 주어 의사가 소통되지 않도록 했다 한다.

현재 국가, 민족에 따라서 언어가 다른 것은 이것에 따른다고 일컬어진다.

19세기 말에 우주 개발의 원조인 러시아의 치오르콥스키가 지표(地表)에서 하늘로 뻗어 정지 궤도(靜止軌道)에 도달하는 '탑'을 생각했다. 이것은 바로 현대판 바벨탑이다.

제4장

수학 세계로의 등장

1. 순환논법 '크레타인은 거짓말쟁이'

크레타섬은 오른쪽 그림처럼 에 게해(海)에 있다. 기원전 2000년부터 1500년에 걸쳐서 에게 문화의 중심이 되어 강대한 해상제국(海上帝國)이 건 설되었는데, 이 문화는 메소포타미아 문화로부터 지리적·역사적으로 깊이 영향을 받아 그것을 발전시켜서 그리 스로 전달되었다.

에피메니데스는 기원전 600년경의 크레타섬의 시인이자 예언자이고 순환논법인 패러독스를 최초로 제언한 인물로서 후세에 유명해졌다. 그 것은,

"모든 크레타인은 거짓말쟁이이다"라는 것이다.

이것은 다음과 같은 논리가 된다.

(1) 에피메니데스는 크레타인이다.

(2) 따라서 그는 거짓말쟁이이다.

(3) 거짓말쟁이가 말한 말은 거짓말이고

(4) 모든 크레타인은 거짓말쟁이가 아니다라는 것이 된다.

(5) 거짓말쟁이가 아닌 그가 말한 것은 진실이라는 것이 된다.

(6) 그러면 모든 크레타인은 거짓말쟁이라는 것은 참이다.

(7) 그는 크레타인이기 때문에

로서 무한순환논법이 된다.

그의 논리는 그리스에 전달되고 이윽고 소피스트(sophist)들에 의해서 절묘한 패러독스(궤변)가 성장해가는데, 이에 대해서는 뒤에 천천히 설명한다.

고대 그리스에서 패러독스가 발전하고 있을 때 먼 동양의 중국에서도 정사(正邪) 양면의 논리가 사회에서 위세를 부리고 있었던 것이 흥미롭다.

기원전	중국의 춘추전국시대		그리스의 논리시대
750 700 600	춘추(패자)시대	제의 환공 진의 문공 초의 장왕	에피메니데스 (크레타인)
		오(吳)·월(越)	탈레스(기하학 개조) 피타고라스
500 400		제자백가 공자 손자	파르메니데스 제논 프라토고라스
300	전국시대	묵자 맹자	플라톤 에우독소스 아리스토텔레스
		한비자 장자 순자	유클리드(『원론』) 아르키메데스
200 년			정통논리 패러독스 동경

중국에서는 약 500년간의 춘추전국 시대에 각 왕후(王候)가 자기 나라의 확대와 강화, 치국(治國)의 목적으로 민중을 다스리는 방법에 부심했는데, 그를 위해서 널리 천하로부터 지혜자(智慧者), 응변자(雄辯者)를 모은 것이다. 이에 따라서 '제자백가(諸子百家)'라 불리는 사상가군(思想家群)

어떠한 방패도 밀어뜨리는 창이다.

이 탄생되어 대활약을 하게 되었고, 그리스의 소피스트와 마찬가지로 후기(後期)가 되어서는 한비자(韓非子), 순자(荀子), 장자(莊子) 등의 유명한 궤변가가 등장했다. 이 궤변 중에 무한순환논법도 있다. 한비자의 책에는 다음과 같은 유명한 모순(矛盾)의 이야기가 있다.

"큰길에서 창(矛)과 방패(盾)를 팔고 있는 상인이 있었는데 곁에 있는 창을 손님에게 가리키면서, '이것은 세계 제일의 날카로운 창(矛)으로 어떠한 튼튼한 방패(盾)라도 이 창으로 찌르면 밀어뜨려버린다'라고 으스대면서 휘둘렀다. 그리고 그 여세를 타고 곁에 있던 방패를 끄집어내어, '이 방패는 세계 제일의 튼튼한 방패여서 어떠한 날카로운 창이라도 튕겨 버리는 굉장한 방패이다'라고 했다. 그랬더니 손님 중의 한 사람이, '주인장, 지금 그 창(矛)으로 이 방패(盾)를 찌르면 어떻게 되는 것이요?'라고 물었다 한다."

이것이 유명한 '모순(矛盾)'의 어원인데 '크레타인은 거짓말쟁이'와

견주는 순환논법의 모델이다.

　내친김에 별개의 순환논법을 소개하겠다.

이발사의 수염　어떤 마을에 당도한 나그네가 어쩌다가 눈에 띈 이발소에 가서 "이 마을에 다른 이발소가 있는가?"라고 질문했다. 그랬더니 이 이발사는 "아니오, 이밖에는 없소. 이 마을에 있는 사람 전부 중에서 자신이 수염을 깎는 사람은 취급하지 않지만 자신이 수염을 깎지 않는 사람은 전부 내가 깎아 준다"라고 대답했다.

　그러면 이발사 자신의 수염은 누가 깎는가.

모든 규칙에는 예외가 있다.　법률, 사회, 스포츠의 룰, 교칙 등 일반적으로 '규칙'이라는 것에는 예외가 있는데 이것을 다음과 같이 전개하면 자기모순에 빠진다.

　(1) 모든 규칙에는 예외가 있다.

　(2) 이 (1)은 규칙이다.

　(3) 그러므로 (1)에도 예외가 있다.

　(4) 따라서 모든 규칙에는 예외가 없다.

2. '제논의 역설'과 그 뒤

　기원전 5세기의 고대 그리스 시대, 남이탈리아의 그리스 식민지였던 에레아에 철학자 제논이 있었다. 그는 파르메니데스의 제자로서 다음의

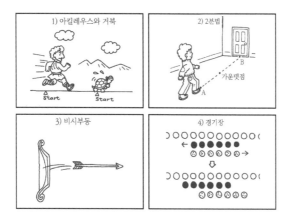

1) 아킬레우스와 거북

2) 2분법
B
가운뎃점
A

3) 비시부동

4) 경기장

제논의 역설

유명한 역설을 남겼다.

(1) 아킬레스와 거북

(2) 2분법

(3) 비시부동(飛失不動)

(4) 경기장

당시 탈레스가 기하학을 창설하고부터 약 100년을 거쳐 순조롭게 기하학이 완성을 향하여 발전하고 있었으나 이 '제논의 역설'에 의해서 크게 동요되었다.

다음 페이지의 설명으로부터 알 수 있는 것처럼 이 역설에는,

무한, 운동, 분할, 시간, 연속, 변화라는 것이 잘 편입되어 멋진 패러독스를 형성하고 있었다.

발이 빠른 군신(軍神) 아킬레스가 눈앞에 있는 느린 거북을 따라잡지

못한다. 자기가 서 있는 위치에서 방의 문까지 갈 수 없다…… 그러한 우스운 논리를 전개한다.

우선은 네 가지 역설의 내용을 설명한다.

(1) 아킬레스와 거북

거북이 아킬레스보다 조금 앞의 출발 지점에 있고 동시에 출발했다. 지금 아킬레스가 거북의 출발 지점까지 오면 거북은 그 시간분만큼 앞에 있다. 아킬레스가 거기까지 가면 거북은 그 시간분만큼 앞에 있다.

이러한 것은 어디까지나 계속되기 때문에 아킬레스는 거북을 따라잡을 수 없다.

(2) 2분법

지금 자기가 있는 위치 A에서 문 B까지 가는 데에는 그 거리의 가운뎃점을 통과하지 않으면 안 된다. A에서 그 가운뎃점까지에는 또 가운뎃점이 있다……라고 생각해 가면 A에서 B까지에는 무한의 점이 있다. 무한의 점을 통과하는 데에 유한의 시간으로는 무리이고 A에서 B까지는 무한의 시간이 걸려 갈 수 없다.

(3) 비시부동(飛矢不動)

활줄(弦)을 떠난 화살은 순간순간 공중에 위치를 차지하면서 날아간다. 어떤 순간을 잡으면 화살은 공중에서 멈춰 있다. 이 멈춰 있는 화살이

어째서 나는가.

(4) 경기장

경기장에는 앞 장의 그림처럼 말뚝(하얀 동그라미)이 박혀 있고 그것에 맞추어서 두 종류의 막대기가 서 있다. 지금 까만 동그라미의 막대기를 모두 하나씩 왼쪽으로 이동시키고 점이 박힌 막대기를 하나씩 오른쪽으로 이동시켰을 때 말뚝에서 보면 하나씩이지만 상호 간에 보면 두 개씩 이동한 것이 된다.

이로부터 <u>어떤 시간과 그 2배의 시간은 같다</u>라고 할 수 있다.

각각 설명의 마지막 밑줄 부분이 상식과 다른 결론이지만 도중의 어느곳도 잘못이 없는 것처럼 생각된다. 이 기묘한 결론의 원인은 무엇일까.

당시의 기하학자들은 이것 때문에 불안이나 당황, 당혹, 여러 가지 대응, 그러한 혼란이 계속되었을 것으로 상상된다.

한편 당시 소피스트들이 제안한 작도 문제가 있었는데 그것이 후세에 유명한 『작도 3대 난문』이다.

이것은 19세기까지 무려 2300년 동안이나 기하학자가 계속 생각하면서 해결할 수 없었던 난문(難問)이다(19세기에 작도 불가능이 증명되었다).

'작도공법(公法)'이라는 도형의 작도 룰에서는 '자, 컴퍼스의 유한회(有限回) 사용'이라는 것으로 되어 있었다. 만일 이것이 <u>무한회(無限回) 사</u>

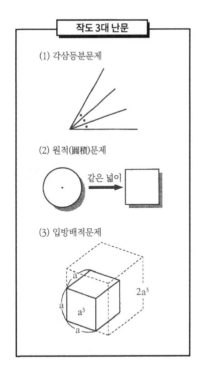

작도 3대 난문

(1) 각삼등분문제

(2) 원적(圓積)문제

같은 넓이

(3) 입방배적문제

a^3

$2a^3$

용해도 된다라는 것으로 되어 있으면 난문은 아니었다. 여담이지만 도구의 사용이 인정된다면 이것은 극히 쉬운 문제였다.

뒤에 소개하는 유클리드는 그의 저서 『원론』에서 도형의 이동은 합동조건일 때뿐이고 기타는 모두 운동을 배제하고 있다.

그런데 이 기하학계의 혼미(混迷)로부터 이를 구조하고 회복시킨 것은 제논으로부터 80년 정도 뒤에 등장한 철학자이자 수학자인 플라톤으로, 그는 이것에 정면으로 맞붙은 제1인자라고 할 수 있을 것이다.

그는 방위(防衛)와 퇴피(退避)의 두 가지 전법(戰法)을 취한 것이다.

방위면 애매한 말이나 용어로 패러독스에 끌려들어가지 않도록 하기 위해 정의를 명확히 했다.

퇴피면 패러독스의 근원이라고 생각되는 무한, 운동, 변화라고 하는 것을 피하고 유한, 정적(靜的), 불변인 것을 대상으로 했다.

이것에 의하여 혼미에 빠져들던 기하학을 정상궤도에 올려놓아 발전시켰다는 큰 효과는 있었으나 반면 17세기까지의 약 2000년 동안 수학의 세계에서는 무한, 운동, 변화는 정면에서 받아들여지는 일이 없이 유한, 정적, 불변의 범위에 머물러 버렸다.

이러한 고대 그리스 기하학의 자세는 그 밖에 그 원인을 갖고 있었다고 할 수 있을 것이다. 무릇 개조(開祖) 탈레스는 이집트의 완성에 가까운 측량술을 바탕으로 하여 이것에 '어째서인가?'의 논증(論證)을 가했다. 결국 재료가 있어 그것에 요리의 손을 댄 것이 '기하학'이고 스스로 재료를 창안할 수 없기 때문에 문제의 창조성이 부족하고 개발력이 결여되어 있었을 것이다.

3. 아르키메데스의 적진법(積盡法)

고대 그리스 수학 1000년의 역사 중에서 대수학자는 비례론의 에우독소스, 곡선연구의 아르키메데스, 그리고 방정식의 디오판토스 3명이라고 일컬어지고 있다.

'제논의 역설'은 함수적인 발상이기 때문에 기하학자에게는 다루기 벅찬 착상, 능숙하지 못한 영역이었을 것이다.

그에 반해서 에우독소스나 아르키메데스는 측면으로부터라고는 하지만—동적인 것을 정적으로—이에 들러붙었다.

에우독소스-아르키메데스의 적진법에 대해서는 후술하지만, 별명 착출법(揮出法) 또는 거진법(去盡法) 등이라 불리고 귀류법에 의한 증명법이

기원전			(기본적 사고방법의 원리)
500	제논	4개의 역설	← 문제제기
	히포크라테스	원적문제	← 정방형과 원
		(초승달)	
	데모크리토스	원자론	← '점'의 의미 부여
	플라톤	정의화(定義化)	← 퇴피(退避)의 연구
400	에우독소스	구분구적법	← 소극적 도전
	메나이크모스	원뿔곡선	← 무한에 도전하다.
300	유클리드	『원론』	← 일단 완성
	아르키메데스	적진법(積盡法)	← 귀류법에 의한 처리
200			
	아폴로니우스	『원뿔곡선론』	← 무한에 도전하다.
100			
AD 1 —			
		↓ 두절되다	
기원			
1600	케플러(독)	'포도나무통의 용적'(1615) ⎫	
	갈릴레이(이)	무한소량 ⎪	← 원자론적 발상
	페르마(프)	구분구적 ⎬	
	가발리에리(이)	'불가분량기하학'(1635) ⎭	
	워리스(영)	'무한산술'(1655)	← 도형의 대수화(급수)
	파스칼(프)	단책형(短冊型) 구적이론	← 극한의 사고방법의 도입
	뉴턴(영) ⎫	미분적분학 ⎫	← 일단 완성
	라이프니츠(독) ⎭	(극한법) ⎭	
1700			
		↓ 아직 계속된다.	
년			

다. 결국 발견법을 갖지 않는 소극적인 것이라 하여 불충분한 수법으로 간주되었다.

그들이 이러한 소극적 방법을 취하는 데에는 그 나름의 이유가 있었다. 왼쪽 페이지의 표는 무한 도전의 역사인데 그들보다 이전에 데모크리토스가 매우 우수한 발상인 '원자론'을 고안했다. 이것은 제논의 역설로 '끝없이 분할하는' 그 마지막의 점이 원자이고 이것은 그 이상 분할할 수 없는 것이다라는 설이었으나 이 획기적 발상은 큰 모순을 갖고 있었다.

연속량을 무한 분할한 후의 '무한소'는 이것은 불가분의 양으로서 이것을 원자라고 부른 것이 데모크리토스의 '원자론'이다. 여기서의 모순은 지금 원자에 양(量)이,

> '없다'라고 하면 아무리 그것들을 모아도 원래의 연속량으로는 되돌아가지 않는다.
> '있다'라고 하면 그것은 더 분할할 수 있을 것이다.

거듭 이 원자론에 대한 반론이 계속된다.

선분이 유한개의 원자로부터 만들어져 있다고 할 때,

> 홀수개라면 선분을 이등분 할 수 없다.
> 짝수개라면 선분에 가운뎃점이 없다.

이 원자론에서의 '원자'의 문제는 17세기가 되어서 무한소의 Δx에 대해서도 수로서,

> 0인가?
> 유한의 수인가?

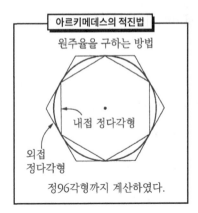

아르키메데스의 적진법

원주율을 구하는 방법

내접 정다각형

외접 정다각형

정96각형까지 계산하였다.

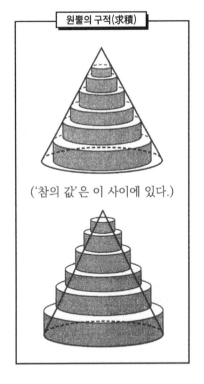

원뿔의 구적(求積)

('참의 값'은 이 사이에 있다.)

또 도형적으로 보아,

{ 점인가?

일정한 길이의 선분인가?

라고 하는 비슷한 논쟁이 계속된다.

무한에 대한 도전은 앞 장의 표에서 알 수 있는 것처럼 소극적인 적진법과 적극적인 원자론적 방법에 의한 발전이었다.

전자에는 발견성이 없고 후자에는 여러 가지 모순이 있어 "허리띠로는 짧고 어깨띠로는 길다"[1]이다. 그러면 여기서 적진법에 대하여 설명하자.

유명한 원주율을 구하는 방법이나 원뿔의 부피를 구하는 방법 등으로부터 알 수 있는 것처럼 내측과 외측과의 양쪽에서 차츰 좁혀가서 그 양자의 사이에 구하는 것이 있다라고 설명하는 방법으로 이것은 답을 알고 있는 것에 대하여 귀류법으로

---

1   역주: 어중간하여 별로 쓸모가 없다.

증명하는 수법이다. 아르키메데스
의 저서 『포물선의 방형화(方形化)』
에서는 오른쪽 그림처럼 단책형(短
冊形)으로 나누고, 포물선과 AB로
둘러싸인 넓이는 삼각형 PAB의 $\frac{4}{3}$
배와 같다는 것을 증명하고 있다. 이
때 $\frac{4}{3}$배보다 커도 $\frac{4}{3}$보다 작아도 모
순이 생긴다라는 것으로부터 이 귀

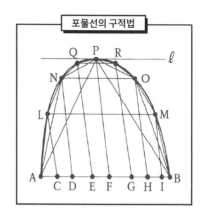

류법으로 '같은 증명'을 유도해 내고 있는 것이다.

　이것은 방법으로서 엄밀한 논증이지만 무한논법을 피해서 지나가고 있다는 점에서 새로운 발견의 힘과 발전성이 없는 것이 큰 결점이었다.

　아르키메데스는 앞의 저서의 머리말에서 "처음에는 기계적 방법에 의해서 발견되고 이어서 기하학적 방법에 의해서 증명되었다"라 말하고 있다. 이 의미는 데모크리토스의 원자론으로 발견하고 그것을 전제로 하여 에우독소스의 적진법으로 증명한다는 것을 병행해서 생각하면 이해할 수 있을 것이다.

　현대의 '적분법'에서는 '극한법'이라는 문무(文武) 양도(兩道)의 방법이 무한에 도전하여 차례차례 그 베일을 벗겨서 실태를 밝히고 거듭 응용에 활용하려 하고 있다. 이에 대해서는 뒤에 천천히 언급하기로 한다.

휴게실—무한연봉(連峰)의 등산—

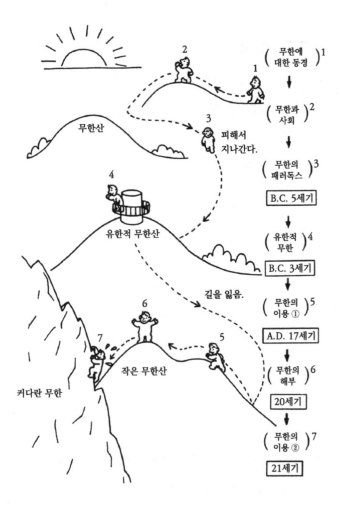

무한산

3
피해서
지나간다.

2
1

(무한에
대한 동경)¹

↓

(무한과
사회)²

↓

(무한의
패러독스)³

B.C. 5세기

↓

유한적 무한산

4

(유한적
무한)⁴

B.C. 3세기

↓

길을 잃음.

6
7
5

작은 무한산

커다란 무한

(무한의
이용 ①)⁵

A.D. 17세기

↓

(무한의
해부)⁶

20세기

↓

(무한의
이용 ②)⁷

21세기

제5장

무한의 르네상스

1. 인간의 마음과 무한

석천(石川)이나 바닷가의 잔모래는 없어질지라도

세상에 도적의 종자는 없어지지 않을 것이다.

남방의 어느 부족의 수사
1. 우라판(Urapan)
2. 오코사(Okosa)
3. 오코사·우라판
4. 오코사·오코사
5. 오코사·오코사·우라판
6. 라스(Ras, 많음)

1594년 교토의 산조(三條) 강가의 모래밭에서 팽형(烹刑)으로 처형된 의적(義賊), 이시카와 고우에몽(石川五右衡問)이 세상을 하직할 때 지은 것이라고 일컬어지는 와카(和歌)[1]이다.

바닷가 잔모래의 무한보다 도적은 거듭 큰 무한이라 한다.

이때의 '무한'은 인간적 척도의 무한이다. 결국은 큰 유한이다. 인간적 척도의 무한은 오래된 것으로는 라틴어의 ter, 영어의 thrice는 '세 번', '매우 크다'라고도 번역된다.

남방(南方)의 어느 부족(部族)의 수사(數詞)는 다음과 같이 3개뿐이고 '라스(Ras)'가 '많음'이다.

일본의 고대(古代)는 '팔(八)'이 '많음'이었다.

야오야(八百屋, 채소가게)

야쓰데(八ッ手, 팔손이나무)

야치구사(八千草, 많은 풀)

---

1   역주: 일본 고유의 장형시

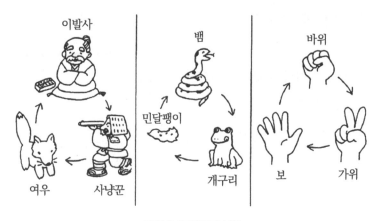

이발사 뱀 바위 민달팽이 여우 사냥꾼 개구리 보 가위

3자간 상호견제(무한순환)

야츠사키(八ッ裂き, 갈기갈기 찢음)

야쓰메우나기(八目鰻, 칠성장어)

야에자쿠라(八重櫻, 겹벚나무)

야에가키(八重垣, 겹울타리)

야치마타노오로치(八またのおろち, 여러 갈래로 갈린 이무기) 등이 그 자취라고 한다.

조금 시대가 흘러서는 '만(萬)'이 '많음'을 표현하게 된다.

만능약(萬能藥), 만국기(萬國旗)

만년필(萬年筆), 만화경(萬華鏡)

만세(萬歲), 만국박람회(萬國博覽會), 만물(萬物)의 영장(靈長)……

많음─인간적 척도의 무한─ 이외에 우리들의 생활 속에 '3자간 상호견제'라는 무한순환(無限婚環)이 있다.

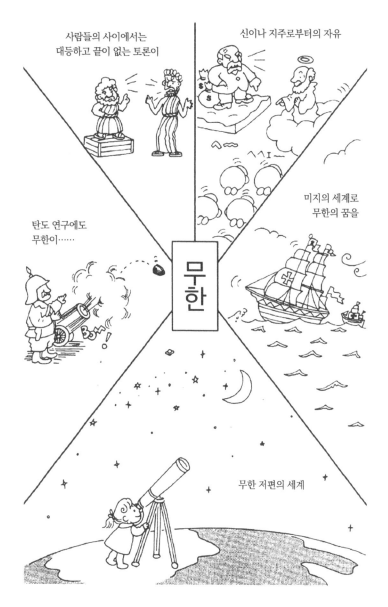

사람들의 사이에서는
대등하고 끝이 없는 토론이

신이나 지주로부터의 자유

미지의 세계로
무한의 꿈을

탄도 연구에도
무한이……

무한

무한 저편의 세계

인간 심신의 자유가 '무한'으로 향한다

1주일의 7개의 요일, 일월……토도, 간지(干支)의 12지(支)도 순환한다. '닭이냐 달걀이냐'의 논쟁에도 끝이 없다.

'전상품 10% 할인'의 상점에서 쇼핑을 하면 아킬레스와 거북처럼 영원히 쇼핑이 가능할 것 같다. 다만 0.1엔이라든가 0.02엔짜리 상품이 있을 때의 이야기지만…….

1453년 동로마제국의 수도 콘스탄티노플이 오스만튀르크에 의해서 함락된 것이 원인(違因)이 되어 서구 사람들의 마음을 '무한'으로 향하게 했다.

논쟁·논의의 관계와 종결

구분	관계	상황(예)	무한에 대한 종지부를 찍는 방법
말다툼	대등한 주장의 다툼	집을 살 사람과 건물주인	재판이나 폭력 사태
변명	상하관계에서 아랫사람의 수비	지각의 변명	사과하거나 지각의 변명
질문	어버이와 자식 사이에서 질문 공세	아기는 어디서 나와요?	약속이라 하든가 화를 낸다.

이것에는 여러 가지 사회적 변화, 동기나 대상이 있다. 예컨대,

(1) 르네상스나 종교개혁 등에 의하여 사람들은 '신이나 지주(地主)'의 속박으로부터 해방되어 심신 공히 무한의 퍼짐을 갖는 자유를 손에 넣었다.

(2) 대항해(大航海) 시대(15~17세기)는 미지의 세계로의 개방이라는 것 때문에 무한의 꿈을 주는 시대로서 국가나 사람들이 자진해서 참가했다.

(3) 위험을 수반하는 미지의 항해를 안전하게 헤쳐나가기 위해 천문관측을 행했는데 천문학적 무한이 신변의 가까운 것으로 되었다.

(4) 침략 전쟁이나 식민지 획득에 즈음하여 강력한 무기인 '대포'가 유효, 적확하게 사용되기 위해 그 탄도(彈道) 연구가 불가결하여 무한의 문제를 피할 수 없게 되었다.

(5) 개방된 사회가 되고 사람들이 평등하게 되었기 때문에 회화, 토론, 대결이 많이 행하여지게 되었지만 논의가 평행선(무한히 계속된다)이 되면 끝나는 일이 없었다.

이상 인간사회가 끝없는 활기를 가진 것이다.

위의 (5)에 대해서 현실적으로는 그때마다 종지부가 찍히고 있다. 논쟁이나 논의를 하고 있는 관계에 따라서 74페이지와 같이 몇 개인가의 형태가 있다.

서로 양보하지 않는 경우, 이렇게 말하면 저렇게 말한다는 경우, 왜, 어째서라고 계속 추구하는 경우 등 논쟁·논의가 어디까지나 계속되는 일이

있다. 각각 그 무한에 어떠한 형태로 종지부가 찍힐 것인가.

2. 변화와 무한수법

서구에서는 르네상스 이후 '수학의 세계'에 있어서도 그 배후의 세계관, 우주관이 크게 변화하여 고대 그리스의 '유한은 무한보다 우수한 존재'라는 사고가 역전했다.

이윽고 무한을 잘 파악한 수학 '함수'가 탄생하는데 이것은 두 가지 방향으로부터이다.

구적법(求積法)　도형의 넓이, 부피나 길이를 구한다.
　　　　　　　→ 적분학의 탄생
접선법(接線法)　운동의 속도, 방향이나 곡선상의 접선을 구한다.
　　　　　　　→ 미분학의 탄생

이 두 가지는 뒤에 덧셈과 뺄셈의 관계와 같은 '역연산(逆演算)'이라는 것을 알게 되어 '미분적분학'으로서 하나로 통합되지만 그것은 다음의 이야기로 하고 여기서는 우선 에우독소스-아르키메데스 이래의 구적법에 대해서 그것이 어떻게 발전했는지를 개관(槪觀)해 보자.

기원전 5세기에 수학계에 던져진 '제논의 역설'에 의해서 무한, 분할, 운동, 연속, 변화, 시간이라고 하는 난문이 한편으로는 '원자론'의 사고로 정면에서 대응하고 다른 한편으로는 '적진법'이라는 소극적인 회피를 하

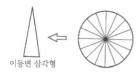

이등변 삼각형

원은 무한변(邊) 다각형으로 본다.

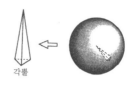

각뿔

구(球)는 무한다면체로 본다.

여왔다. 15세기 이후의 약동하는 사회는 재차 이들의 난문에 바로 정면으로 들러붙기 시작하여 오른쪽에 보여주는 단계에 따라서 17세기에는 '극한법'이라는 고도의 무한수법에 도달한다.

케플러의 발상은 위의 그림처럼 원은 무한변(邊) 다각형으로 간주하고 구(球)는 마찬가지로 무한면(面) 다면체로 간주하여 무한소의 이등변 삼각형이나 각뿔로 해서 그 합을 구한다라는 방법에 따랐다.

그는 유명한 저서 『포도주 나무통의 형태와 용적측정』(1615년)을 완성했는데 이것은 원자론적인 방법에 따르고 있다. 그가 포도주 나무통에 연연한 것은 그의 성장과정과 깊은 관계가 있다.

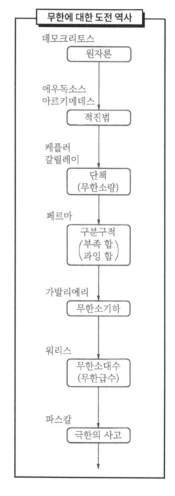

무한에 대한 도전 역사

데모크리토스
원자론

에우독소스
아르키메데스
적진법

케플러
갈릴레이
단책
(무한소량)

페르마
구분구적
(부족 합)
(과잉 합)

가발리에리
무한소기하

워리스
무한소대수
(무한급수)

파스칼
극한의 사고

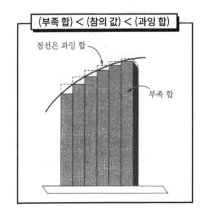

(부족 합) < (참의 값) < (과잉 합)

점선은 과잉 합

부족 합

그는 작은 술집의 아들로서 태어났다. 어렸을 적에 포도주 술통의 용적이 애매한 상태대로 거래되고 있는 것을 보고 나무통의 용적을 정확히 구하는 방법을 알고 싶다고 생각한 것이다.

가난뱅이 생활 속에서 누이의 권유로 대학에 진학하여 수학을 공부함으로써 어렸을 적에 의문으로 생각한 포도주 나무통의 용적을 구하는 방법에 몰두해서 연구를 완성한 것이다.

다음의 페르마는 이 단책(무한소량)의 사고에 구분구적의 사고를 도입하고 아르키메데스의 양측으로부터 끼우는 방식도 채택하여 '극한법'의 기초를 만들었다. 이것을 받아서 갈릴레이의 제자인 가발리 에리는 『불가불량 기하학』(1635년)을 저작하여 구적이론으로서 후세에 영향을 주었으나 이것에는 큰 벽이 있었다.

기하학의 한계이다. 그리고 이것을 돌파하는 힘은 대수학이었다.

다음 페이지의 여러 가지 예로부터 알 수 있는 것처럼 수학 발전의 도중에 기하 문제에 길이 막혔을 때는 대수의 방법이나 기술의 도움을 받고 대수 문제의 해결에는 기하도형에 의한 표현을 이용하는 등 상호 협력해 오고 있다. 또 표의 후반처럼 같은 내용을 각각의 방법으로 나타내서 서로 이용한다라는 방법을 취해 오고 있다.

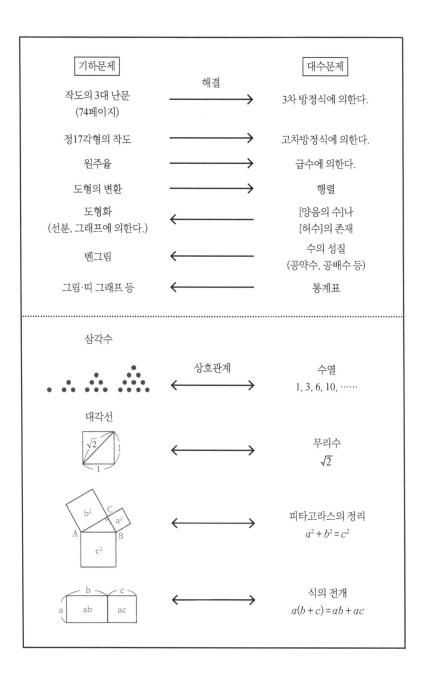

마지막으로 양자를 일체화시킨 것이 17세기의 프랑스 수학자이자 철학자인 데카르트이고 그는 저서『좌표기하학』(구 해석기하학)을 완성했다. 이것은 기하의 문제를 대수로, 대수의 문제를 기하로 푸는 방법으로써 이것이 훗날의 그래프이고 '함수'의 탄생으로 되는 것이다.

그런데 이제야말로 구적법이 기하의 범위에서 길이 막혀 버렸다. 여기서 대수가 나갈 차례이다.

구적법으로 취급한 무한소기하학은 무한소대수학(무한급수)에 의해서 일단 해결될 수 있었다. 그 뒤에 대해서는 또 별도의 기회에 언급하겠다.

다음은 **접선법**의 탄생과 발전에 대한 것이다.

구적법과 함께 '극한법'이라는 동적인 무한논법이면서 2400년의 전통을 갖는 구적법에 반해서 접선법은 16세기경부터 연구가 시작되었다.

동로마제국의 수도 콘스탄티노플은 3층의 성벽(城壁)을 가진 난공불락의 도성(都城)이었는데, 1453년 오스만튀르크의 청동제(靑銅製) 대포의 파괴력에 의해서 함락되었다.

이후 서구의 전쟁은 대포를 중심으로 한 전술로 바뀌었다.

대포를 유효하게 사용하기 위해서는 몇 개의 조건이 있다.

(1) 강력한 화약과 탄환

(2) 가급적 멀리 날게 하기 위한 포신의 각도(접선법)

(3) 적진까지의 정확한 거리 (삼각법)

(2), (3)이 수학의 문제가 된다.

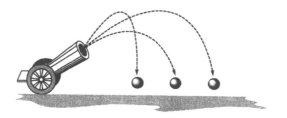

포신이 45°일 때 가장 멀리 난다.

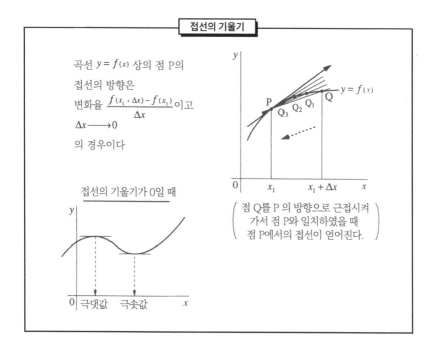

접선의 기울기

곡선 $y = f(x)$ 상의 점 P의
접선의 방향은
변화율 $\dfrac{f(x_1 + \Delta x) - f(x_1)}{\Delta x}$ 이고
$\Delta x \longrightarrow 0$
의 경우이다

접선의 기울기가 0일 때

점 Q를 P의 방향으로 근접시켜
가서 점 P와 일치하였을 때
점 P에서의 접선이 얻어진다.

16세기 이탈리아의 수학자 탈타리아는 저서 『새로운 과학』(1573년)
안에서 탄도 이론의 연구에 대해서 언급하고 45°일 때 가장 멀리 도달한
다는 것을 설명하고 있다. 또한 18세기의 프랑스에서는 라플라스, 라글랑
쥬라고 하는 당세 제1급의 수학자가 포병을 위하여 탄도연구를 하고 있었

(1) $x = a$에서 $x = b$까지

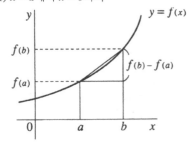

$a \longrightarrow b$ 일 때

$$\text{변화율} = \frac{f(b) - f(a)}{b - a}$$

$$\to f'(a)$$

$b - a = h$ 라 둔다.

(2) $x = a$에서 $x = a + h$까지

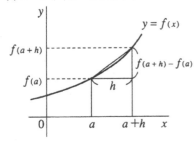

$$f'(a) = \lim_{h \to 0} \frac{f(a+h) - f(a)}{h}$$

극한값

$h = \Delta x$ 라 둔다.

(3) $x = x_1$에서 $x = x_1 + \Delta x$까지

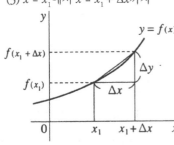

도함수(導函數)의 사고

$$f'(x_1) = \lim_{\Delta x \to 0} \frac{f(x_1 + \Delta x) - f(x_1)}{\Delta x}$$

$$= \lim_{\Delta x \to 0} \frac{\Delta y}{\Delta x}$$

$$= \frac{dy}{dx}$$

미분계수(접선의 기울기)

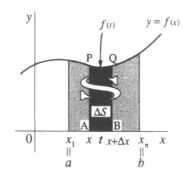

$b-a$를 n등분하면

$$\frac{b-a}{n} = \Delta x$$

$$S = \lim_{n\to\infty} \sum_{k=1}^{n} f(x_k) \cdot \Delta x$$

[미분과의 관계]

넓이 S의 변화율 $\lim_{\Delta x \to 0}\dfrac{\Delta S}{\Delta x} = \dfrac{dS}{dx}$ ·············· (1)

장방형 ABQP에서는 높이 $f(t)$, 밑이 Δx이므로

$\Delta S = f(t)\cdot \Delta x$ 따라서 $\dfrac{\Delta S}{\Delta x} = f(t)$ ·············· (2)

(2)로부터 $\lim_{\Delta x \to 0}\dfrac{\Delta S}{\Delta x} = \lim_{t \to x} f(t)$ ·············· (3)

(1)과 (3)으로부터

$\quad \dfrac{dS}{dx} = f(x)$ 즉 $S' = f(x)$

이것으로부터 $S(x) = \int f(x)dx$

지금 $\int f(x)dx = F(x)$라 하면 구간 $[a, b]$의 넓이 S는

$S = F(b) - F(a)$

는데, 그 무렵 나폴레옹은 육군사관학교에 재학 중이었다.

여담이지만 나폴레옹은 "국가의 번영에 수학은 중요하다"라고 생각하여 우수한 수학자를 육성했고 전술에서는 대포를 잘 다룬 군인이었다.

그런데 탄도가 그리는 포물선상의 어떤 한 점에서 그 접선의 방향(기울기)은 어떻게 구하면 되는 것일까.

곡선에 접선을 긋는 문제는 멀리 고대 그리스 시대부터 있었고 원뿔곡선의 접선은 물론 더욱 어려운 곡선의 접선도 연구하고 있다.

곡선상의 어떤 한 점에 있어서의 접선 기울기를 구하는 기본적인 방법은 앞에서 보여 주는 것처럼 할선(割線)을 차츰 접선에 접근시키는 것이다.

그리고 이 기울기가 제로일 때 극댓값, 극솟값을 구할 수 있다. 접선의 이론은 페르마와 데카르트와는 상이하고 이 방면의 2명의 대표자에서도 뉴턴은 유율법(流率法) → 운동학적, 라프니츠는 불가분량 → 원자론적으로 대조성(對照性)을 갖고 있었다.

전전페이지, 전페이지에 등장한 미소량 x 기호 Δx의 Δ는 Difference(차이)의 머리문자 D의 그리스 대문자이다.

이 무한소 'Δx'의 사고에 대해서 여러 가지 문제가 있었다.

	17세기 뉴턴, 라이프니츠		19세기 코시
	수로서	그림으로서	
무한소 Δx	영(零)인가.	점인가.	⇒ 끝없이 작아져 가는 변량(變量)으로 0에 수렴한다.
	유한의 수인가.	일정한 길이의 선분인가.	

17세기에 미적분학이 탄생했고, 실용성을 가지고 왔다라고는 하지만 무한소에 관한 부분은 많은 문제를 계속 남겼다. 이윽고 무한소는 '변수'로서 동적인 사고방법이 도입되어 크게 전진했으나 아직 20세기까지 기다리지 않으면 안 되었다.

그것은 차치하고 '미분'은 탄도연구라고 하는 '움직이는 것'을 대상으로 하여 시작되었다. 이것은 고대 그리스 이래 수학계가 회피하여 온 무한, 운동, 변화에의 도전이고 필자는 이것을 '제1 반(反)수학시대'라 부르고 있다. 다음의 항에서도 그것을 생각해가자.

3. 사회문제와 그 해결

이미 언급한 것처럼 15세기 이후 서구 사회에서는 커다란 변화가 일어나고 그 약동사회는 오랜 전통이나 습관, 껍질을 벗고 차례로 새로운 문화, 학문이 창설되어 갔다.

수학의 세계도 그 예외는 아니고 고대 그리스 이래의 오랜 전통—정

적(靜的), 불변, 절대, 확실, 확정적, 고정적, 부동 등—을 타파하게 된다.

필자는 이러한 변질을 '반수학적'으로 본다. 그러나 그것은 과도기의 일이고 종전에는 수학의 대상 밖이었던 것을 수학적 방법으로 편입시킨 뒤, 이제까지보다 큰 수학으로 성장, 발전해갔다. 전항의 미분, 즉 '함수'

는 그 예의 하나이다.

'확률론'은 '우연'이라고 하는 그때까지의 수학과는 전혀 관계가 없는, 또는 반대의 극(極)에 있는 것과 같은 것을 수량화하여 수학적으로 해결한 다고 하는 내용이다.

이것을 최초로 논문으로 정리한 것은 16세기 이탈리아의 수학자이자 의사, 도박사인 카르다노(1501~1576)이다.

왜 16세기인가, 그리고 어째서 이탈리아인가?

15세기 서구에서 시작된 대항해 시대의 단서는 이탈리아와 항해왕 콜 럼버스가 그 대표이다. 이탈리아인으로는 그 이외에 조반니 가보트나 아 메리고 베스푸치 등 저명한 항해왕이 대활약을 하고 통상에 의해서 일확 천금의 부를 얻은 사람도 있었다 한다.

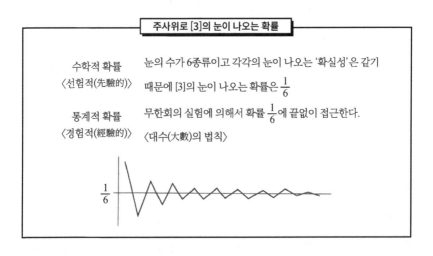

| 주사위로 [3]의 눈이 나오는 확률 |

수학적 확률 〈선험적(先驗的)〉 — 눈의 수가 6종류이고 각각의 눈이 나오는 '확실성'은 같기 때문에 [3]의 눈이 나오는 확률은 $\frac{1}{6}$

통계적 확률 〈경험적(經驗的)〉 — 무한회의 실험에 의해서 확률 $\frac{1}{6}$에 끝없이 접근한다. 〈대수(大數)의 법칙〉

이 약동하는 사회와 라틴계 민족 특유의 쾌활성이 서로 어울려서 노름

이 번성했다. 이윽고 도박에 이기는 궁리가 여러 가지 생각되고, 때로는 나쁜 도박사가 수학자를 위협하여 도박장에 데리고 가서 큰 돈벌이를 한 사람도 있었다고 일컬어지고 있다.

"갑, 을 두 사람이 각각 A피스톨의 돈을 걸고 승부했다고 하자. 그리고 어느 쪽이든 최초로 n점을 얻은 것을 이긴 것으로 한다. 그런데 갑이 a점, 을이 b점을 얻은 뒤에 승부를 중지한다고 하면 두 사람이 건 돈은 어떻게 분배하는 것이 공평한가"라는 문제에 파치리오, 탈타리아, 카르다노라는 이탈리아 일류의 수학자가 도전하고 있다.

앞에서 말한 카르다노에게는 『주사위의 승부를 겨루는 놀이(내기)에 대하여』라는 유고(遺橋)가 있다. 또 같은 이탈리아인으로 피렌체의 갈릴레이(1564~1642)도 소론(小論) 『주사위의 도박에 관한 고찰』을 저작하고 있다.

그 뒤 프랑스에도 확률론의 연구자가 배출되고 파스칼이나 페르마 등이 유명하다.

파스칼에는 『산술삼각형론』(1665년)이 있다.

스위스 수학 일가(一家)의 한 사람인 야콥스 베르누이는 확률론의 혁명적 도서라고 일컬어지는 『추론법(推論法)』을 저작했는데 이것에 '대수(大數)의 법칙'을 서술하여 수학적 확률과 통계적 확률과의 관계에 대해서 시사했다.

이 두 개의 서로 다른 점과 관계는 앞 페이지에서 보여준 것과 같은 것으로 일반적으로 수학적 확률이 얻어지지 않는 것에서는 통계적 확률에 의존하지 않을 수 없다.

대수(大數)의 법칙

시행(試行)을 독립적으로 n회 행했을 때 사상(事象) A가 일어나는 회수를 n_0라 하면 이 사상의 확률 P는 다음의 식으로부터 얻어진다.

$$\lim_{n \to \infty} \frac{n_0}{n} = P$$

이렇게 되는 확률은?

예컨대 위의 세 가지에 대해서 각각을 제멋대로 던졌을 때 그림과 같이 되는 확률은 계산에 의해서 구하는 것이 불가능하다.

그래서 위의 확률을 구하려면 다수회의 시행에 의해서 얻는 것이 되는데 이론적으로는 무한회의 시행이 필요하다.

이 '대수(大數)의 법칙'은 신뢰할 수 있는 것일까. 무한회라 하여도 실제로 시행하는 것은 몇천 회거나 많아도 몇 만 회이다.

이것을 보증하는 것이 앞 페이지의 수학적 확률이다.

주사위의 확률이 이론으로 구한 것과 실험으로부터 구한 것이 거의 일치함으로써 '수학적 확률의 대용'으로서 좋다는 것이 인정되는 것이다.

---

* 수학적 확률에서는 '확실성'이 중요하다. 영국의 네스호(湖)에 "네시가 있는가 없는가"라고 할 때 '있다' '없다'이므로 확률은 2분의 1이다라고는 말할 수 없다. 이 두 개의 '확실성'이 다르기 때문이다.

'**통계학**' 역시 서구의 대항해 시대와 깊은 관계가 있는 수학이다. 대항해는,

제1기 이탈리아

제2기 스페인, 포르투갈

제3기 영국, 네덜란드

제4기 프랑스, 독일

의 순으로 참가하여 아메리카대륙, 아세아, 태평양 여러 섬으로의 식민지 정책 또는 통상으로 방대한 이익을 올려 서구 여러 나라가 그 부(富)로 번영했다. 후발(後發)의 영국은 선행국(先行國)인 스페인의 무적함대를 격파해서 세계 제일의 해군국이 되고 세계 중에 식민지를 갖는 광대(廣大)하고 강력한 나라로 발전했다.

이에 따라서 세계의 물자가 영국의 중심지 런던으로 운반되었는데 런던에 들어온 것은 물자만은 아니었다. 옛날의 매독, 현대의 에이즈처럼 세계의 전염병이 런던으로 들어와 시내에서는 매년 많은 사망자를 내게 되었다.

1517년 이후 런던에서는 시내의 사원(寺院)에서 세례를 받고 매장된 사람의 숫자를 매주 집계하여 '사망표'를 발행하고 있었는데 연말에는 1년간의 집계표도 내고 있었다.

이 '사망표'에 흥미를 가진 상인 존 그란트는 60년 가까이 소급하여 이 표를 모아 1매로써는 아무것도 모르지만 많은 자료를 봄으로써 여러 가지 경향을 발견했다.

 그는 『사망표에 관한 자연적 및 정치적 관찰』(1662년)이라는 저서를 발행했다. 이것이 근대 통계학의 시작이라 일컬어지고 있다. 이 책의 머리말에서 그는 다음과 같이 언급하고 있다.

"사망표를 구독하고 있는 런던 시민의 태반이 진기한 질병, 이상(異常)은 없는가를 찾아서 회합의 화제로 하려 하고 있고 상인은 각자의 장사에 있어서 거래의 전망을 추측하는 이외에는 그 표를 이용하고 있지 않다. ……나는 이 사망표의 원래 목적은 위에서 말한 것과는 별개의 더 큰 이용에 있었음에 틀림없다라고 생각했다."

그는 그 다량의 자료를 다음과 같은 여러 가지 관점에서 분류함으로써 경향을 파악하는 데에 성공한 것이다.

- 연도별, 계절별, 교구별
- 내·외국선의 수와 역병(疫病)의 종류
- 세례(洗禮), 매장의 총수
- 역병·사고사(事故死)별 인원수 등

존 그란트의 연구는 친구인 윌리암 페티에게 인계되어 '정치산술'이라는 이름으로 퍼졌다. 그 이전의 '소박한 통계'는 단순한 수량의 표에 지나지 않았지만 이 시대부터 수량의 표 속에 깊숙이 잠재하는 사항이나 경향을 간파하는 것을 통계라 부르게 된 것이다.

벨지움의 람벨트 케틀레는 "자연현상 중에 어떤 법칙이 있는 것처럼 사회현상에도 법칙이 있다"라는 생각을 갖고 통계의 넓은 사용방법을 연구하여 이 학문을 발전시켰다. 후세에 그를 '근대 통계학의 아버지'라 부르는 것은 이러한 업적에 따른다.

수학은 오랫동안 '자연과학의 도구'라 일컬어져 왔는데 앞에서 말한 '확률론'과 함께 이 '통계학'은 '사회과학의 도구' 아니 그 이상의 기능을 하는 학문으로 성장했다. 결국 무한적인 사상(事象)을 수량화하는 것이 학문으로 된 것이다.

차츰 충실해진 통계학은 19세기가 되어서는 생물학자가 '유전학'의 연구에 이용하기 시작하여 그 방면으로부터 통계학을 발전시켜 갔다. 영국의 유명한 생물학자 프란시스 고르돈과 그 제자인 칼 피어슨 등이 대표이고 피어슨은 응용수학자이기도 하여 '수리통계학'을 집대성시켰다. 피어슨의 제자인 피셔는 '추측통계학'이라는, 이제야말로 현대사회에서 불가결한 응용수학을 창안하는 것인데 이에 대해서는 후술하기로 한다.

존 그란트가 통계학의 책을 출판한 것과 같은 무렵 독일의 헤르만 코링 교수가 국가 사정에 관한 강의 '국세(國勢) 통계학'(1660년)에서 국세조사의 필요성을 주장했다. 이것은 독일 국내가 종교전쟁의 최대이자 최후의 전쟁이라 일컬어진 '30년 전쟁'의 전장(戰場)이 되어 국내가 황폐된 후 재건에 있었던 시기이고 당시의 국력을 알 필요가 있었기 때문이다.

런던 대화재 기념탑

'보험학'의 탄생은 통계학과 확률론의 발전으로부터의 산물이다.

17세기 런던 시내의 사람들은 앞에서 말한 것처럼 전염병에 고통을 받고 있었는데, 1666년 9월 2일의 심야에 어떤 빵집의 아궁이에서 발생한 화재로 시내의 $\frac{2}{3}$가 다 불타 버리는 큰 화재를 당하는 재난을 겪었다. 이 화재로 시내의 1만3천여 채의 가옥이 불타 없어졌다.

왼쪽의 사진은 이것을 기념한 탑으로서 센트 폴 대성당을 설계한 크리스토퍼 렌의 작품이다. 우아한 도리아식이고 높이가 약 60미터(202피트)인데 이것은 최초의 발화지점에서 이 탑의 위치까지의 거리라고 한다.

런던 시민은 이 대화재의 교훈으로부터 상호 협력의 정신으로 '화재보험제도'를 고안했다.

이것은 어떠한 자료를 바탕으로 보험금, 보험료를 결정해 가면 되는 것일까.

몇 만 채나 되는 가옥이 밀집되어 세워져 있는 지대에서는 화재의 위험도, 건물의 대소나 건축재질, 게다가 재산의 유무 등 개개의 가옥을 조건별로 하면 천차만별이어서 손을 댈 수 없다.

여기서 수학 특유의 '이상화(理想化)'를 도입하여 모든 가옥을 동일 가

격으로 하고 화재의 피재율(被災率)도 동등한 것으로 한다.

그래서 그 시 또는 지역의 화재통계를 잡고 오랜 햇수의 평균으로써 "1년간 100채 중 몇 채가 불타 없어지는가"의 확률을 구해서 소실 손해 총금액을 계산하여 그것을 주민 전 가옥이 분담하기 때문에 그것으로 나눈 것을 각 가옥의 보험료로 하면 되는 것이다.

인간의 수명 신장도 무한인 것일까......
(아사히신문 1992. 6. 28.)

실제상으로는 매우 복잡한 여러 조건이 있었으나 기본적인 사고방법은 위와 같이 되어 있어 통계, 확률이 주역이 되었다.

이에 뒤져서 핼리혜성으로 유명한 핼리가 생명보험제도를 창설했다. 1693년의 일이다. 그 뒤 여러 가지 보험이 계속 탄생되었다.

휴게실—무한 원점(遠點)이라는 아이디어—

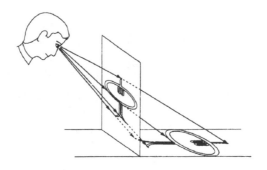

17세기 프랑스의 수학자 데자르그는 당시 유행하고 있던 회화(繪畵)의 수법인 '투시도법'(원근법)으로부터 '사영(射影) 기하학'을 착상했는데 "평행선은 무한원점에서 교차한다"(190페이지에)라는 아이디어이다.

이것을 완성한 것은 200년 뒤의 프랑스의 수학자 퐁슬레로서 『도형의 사영적 성질론』(1822년)에 의해서 사영기하학의 창시자가 되었다.

그는 나폴레옹의 러시아 원정에 공병소위로서 참가하고 모스크바 퇴각 때 후미(後尾)부대의 대장으로서 전투했기 때문에 부상을 입고 포로가 되었다. 수용소에서 엄동설한의 1년 반을 난방용 탄숯을 연필로 삼고 하얀 벽을 종이 대용으로 하여 사영기하학의 연구를 하고 귀국 후에 이것을 정리했다는 유명한 일화가 있다.

'수학은 연필과 종이로 할 수 있는 학문'의 견본과도 같은 것이다.

제6장

'수학과 무한'의 화제집

1. 무한과 유한의 관계

"굉장한 유한이 무한인가"하면 그렇지는 않다. 모래의 수, 별의 수라 해도 커다란 유한이지 무한은 아니고 유한과 무한에는 커다란 도랑이 있어 전혀 '별개의 세계'라 할 수 있을 것이다. 그렇다고는 하지만 이 무한을 무언가의 방법으로 유한에 가두어 버릴 수는 있다.

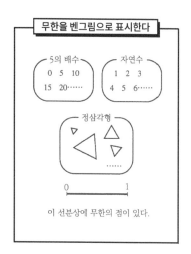

여기서는 무한을 유한으로 나타내는 예나 방법을 생각해 보자.

가장 알기 쉬운 예가 벤그림이다. 이것은 17세기의 오일러가 논리학의 도시법(圖示法)으로서 고안한 오일러 그림을 19세기 영국의 벤이 사용한 것이다.

"무한의 것이 자루에 들어가나요?"

초등학생으로부터 이러한 소박한 질문을 받은 일이 있었는데 12의 약수, 모자를 쓴 어린이의 집합이라 했을 때 요소의 유한의 벤그림과는 크게 다른 것이라 말할 수 있을 것이다.

"무한이라면 아무리 큰 자루를 가지고 와도 쌀 수 없다"는 생각을 하는 편이 자연스러울 것이다.

수(數)직선 상에서 '0과 1의 사이'라고 하는 유한의 길이 위에 무한개

무한을 잘라 버린다

$x = 0.197197197\cdots$

양변을 1000배 하여 그 식으로부터
위의 식을 빼면

$1000x = 197.197197197\cdots$

$-)\quad x = \quad 0.197197197\cdots$

$999x = 197$

$\therefore x = \dfrac{197}{999}$

> 어디까지라도 가네?
> 1 9 7

의 점이 있다고 하는 사고에도 무언가 납득하기 어려운 것이 있는데 어느 경우에도 무한을 유한에 가둔 예이다.

52페이지에서 간단히 언급했지만 순환소수를 유한수(분수)로 고치는 데에는 좌측에 보여 주는 방법으로 멋지게 번거로운 무한을 잘라버려 유한에 가두어 버리는 것이다.

1000배 해서 세(3)자리 왼쪽으로 옮겼기 때문에 그 몫만큼 작아지는 것이 아닌가라는 불안이 생기지만 무한의 세계에서는 자릿수를 옮겨도 변화는 없다.

무한등비급수를 유한으로 나타내어 보인다

$S = 0.197197197197\cdots$

$= 0.197 + 0.000197 + 0.000000197 + \cdots$

일반적으로 초항을 a, 공비를 $r(|r| < 1)$로 하는 무한등비급수는

$S = a + ar + ar^2 + ar^3 + ar^4 + \cdots$

이 양변을 r배하여 위의 식으로부터 이 식을 빼면

$S = a + ar + ar^2 + ar^3 + ar^4 + \cdots$

$-)rS = \quad ar + ar^2 + ar^3 + ar^4 + \cdots$

$(1 - r)S = a$

> 무한의 식이
> 유한의 식으로

$\therefore S = \dfrac{a}{1 - r}$

(검증)
위의 순환소수는 초항 0.197, 공비 0.001이므로 공식에 의하여

$S = \dfrac{0.197}{1 - 0.001} = \dfrac{0.197}{0.999} = \dfrac{197}{999}$

이러한 것에 대한 머리의 전환을 잘 해 두지 않으면 언제까지라도 무한의 세계에 들어갈 수 없는 것이다.

위의 계산에 대한 사고를 조금 더 발전시켜 보자.

위에 보여 주는 것처럼 순환소수는 무한등비급수라 생각할 수 있다.

여기서 일반의 무한등비급수에 대해서 이 무한 개의 수의 합을 구하는 것을 생각하자.

이때 공비 r의 절대값이

{
1 보다 작다.
1 과 같다.
1 보다 크다.
}

의 3종류를 생각할 수 있는데 유한에 가두기 위해서는 1 보다 작은 경우이다. '같다'와 '크다'에 대해서는 뒤에 생각해 보기로 하자. 도형은 어떠할까.

무한을 가둔다

위의 정방형, 정오각형 등에서는 내부에 닮은 도형을 무한으로 만들 수 있다. 즉 무한을 이 속에 가둘 수 있는 것인데 일본에서는 에도시대부터 이것을 '이레코(入子)'[1]라 하여 수학의 문제로 하고 있다. 뒤에 다시 이에 대해

---

1   역주: 크기대로 포개 담게 만든 한 벌의 그릇 또는 상자

서 언급한다.

입체도형에 대해서 조사하면 한층 흥미 있는 발견을 하게 되므로 생각해 보기 바란다.

그러면 다음으로 유한의 것을 무한으로 표현하는 것을 생각해 보자.

앞에서 말한 것처럼 일반의 분수(분모가 2, 5나 그 거듭제곱을 제외한다)에서는 이것을 소수로 고치면 무한순환소수가 되고, 제곱근의 수도 일반적으로는 무한비(非)순환소수로 표시된다.

원주율은 $\frac{22}{7}$ 또는 $\frac{223}{71}$, $\frac{355}{113}$ 등의 유한수로 근사값으로서 표시되는 일이 있는데 실은 무한비순환소수이다. 기타 무한소수로 표시되는 수는 많다.

이와 같이 여러 가지 각도에서 무한을 보면 무한에는 무언가 '아름다운 신비'가 있는 것처럼 생각된다.

"무한! 이것만큼 인간 정신을 감동시킨 것은 없었다."

20세기의 대(大)수학자 힐베르트가 이와 같이 말한 마음을 알 수 있을 것 같은 느낌이 든다.

이 무한의 기본이고 대표인 자연수에 대해서 이것을 밝히려고 하는 시도가 여러 번 있었으나 다음의 두 가지는 이론적으로 조립하기 위한 것이라 할 수 있다.

다음의 공리로부터 자연수의 성질이 모두 이론적으로 유도되는 것이다.

'왜 1 + 1 = 2인가'의 질문에도 이 공리에 의해서 대답할 수 있다.

1 + 3은

$$\sqrt{2} = 1 + \sqrt{2} - 1$$

$$= 1 + \frac{(\sqrt{2} - 1)(\sqrt{2} + 1)}{\sqrt{2} + 1}$$

$$= 1 + \frac{1}{\sqrt{2} + 1}$$

$$= 1 + \frac{1}{2 + \sqrt{2} - 1}$$

$$= 1 + \cfrac{1}{2 + \cfrac{(\sqrt{2} - 1)(\sqrt{2} + 1)}{\sqrt{2} + 1}}$$

$$= 1 + \cfrac{1}{2 + \cfrac{1}{\sqrt{2} + 1}}$$

$$= 1 + \cfrac{1}{2 + \cfrac{1}{2 + \sqrt{2} - 1}}$$

$$= 1 + \cfrac{1}{2 + \cfrac{1}{2 + \cfrac{1}{2 + \cdots}}}$$

$$\frac{2}{3} = \frac{1}{2} \cdot \frac{4}{3}$$

$$= \frac{1}{2}\left(1 + \frac{1}{3}\right)$$

$$= \frac{1}{2} + \frac{1}{2} \cdot \frac{1}{3}$$

$$= \frac{1}{2} + \frac{1}{2^3} \cdot \frac{4}{3}$$

$$= \frac{1}{2} + \frac{1}{2^3} + \frac{1}{2^5} \cdot \frac{1}{3}$$

$$= \frac{1}{2} + \frac{1}{2^3} + \frac{1}{2^5} \cdot \frac{4}{3}$$

$$= \frac{1}{2} + \frac{1}{2^3} + \frac{1}{2^5} + \cdots$$

원주율(라이프니츠의 식)

$$\frac{\pi}{4} = 1 - \frac{1}{3} + \frac{1}{5} - \frac{1}{7} + \frac{1}{9} - \frac{1}{11} + \cdots$$

자연로그의 밑 e

$$e = 1 + \frac{1}{1!} + \frac{1}{2!} + \frac{1}{3!} + \cdots + \frac{1}{n!} + \cdots$$

$$= \lim_{n \to \infty}\left(1 + \frac{1}{n}\right)^n$$

원주율 π나 자연로그의 밑 e는 불규칙한 숫자가 배열되는 무한소수이지만 근사값은 아름다운 분수의 합으로 나타낼 수 있다.

$$1+1+1+1$$

로 후자, 후자로서 구해 가면 되는 것이다.

페아노의 공리

자연수란 다음의 다섯 가지 공리를 충족시키는 것의 전체이다.
(1) 1은 자연수이다.
(2) 각 자연수 x에는 그 후자라 일컬어지는 자연수 x^+가 하나, 게다가 단지 하나 대응한다.
(3) 자연수 x에 대하여 $x^+ \neq 1$
(4) $x^+ = y^+$이면 $x = y$
(5) S가 자연수 전체의 집합의 어느 부분집합이고
  ① $1 \in S$
  ② $x \in S$
  이면 반드시 $x^+ \in S$이다.
라고 하는 두 가지 조건을 충족시키면 S는 자연수 전체의 집합이다.
〈(5)를 **수학적 귀납법의 공리**라 한다.〉

위의 '페아노의 공리'는 20세기 이탈리아 수학자 페아노의 고안에 따른 것으로 공리 (5)는 "인간은 생각하는 갈대이다"로 유명한 17세기 프랑스 수학자이자 철학자인 파스칼의 '수학적 귀납법'에 바탕을 두고 있다. 이것은 완전귀납법(연역법)이라고도 불리는 것으로 다음 페이지의 내용이다.

이 수학적 귀납법은 '장기 넘어뜨리기 논법'이라든가 '도미노 게임 논법' 등이라고도 부른다. 처음의 하나를 넘어뜨리면 나머지는 차례차례 끝없이 넘어져 가는 모습을 닮고 있기 때문이다.

자연수에 대한 성질의 논의에서는 이것 없이는 정확한 추론(推論)을

할 수 없는 경우가 많다. 파스칼은 『수삼각형론』을 저작했는데 이 안의 명제로 이 논법을 사용하고 있다.

　이 책에서는 유명한 파스칼의 삼각형이 있고 이것을 정수론(整數論)이나 조합(組合), 확률에 대한 명제로 이용하고 있다.

수학적 귀납법

　자연수 n을 포함하는 어떤 명제 $P(n)$이 모든 자연수 n에 대해서 참이라는 것을 보여 주기 위해서는 다음의 두 가지에 대한 것을 증명하면 된다.
　(1) $n = 1$일 때 $P(1)$은 참이다.
　(2) $n = k$일 때 $P(k)$가 참이라고 가정하면, $n = k + 1$일 때 $P(k + 1)$도 참이다.

(예)
$$P(n) : 1^2 + 2^2 + 3^2 + \cdots\cdots + n^2 = \frac{1}{6}n(n + 1)(2n + 1)$$
가 모든 자연수 n에 대해서 옳다는 것의 증명은 다음과 같이 한다.
　(1) $P(1)$에서는 좌변 $= 1$
$$우변 = \frac{1}{6} \cdot 1 \cdot (1 + 1) \cdot (2 \cdot 1 + 1)$$
$$= 1$$
　(2) $P(k)$가 옳다고 가정한다. 즉
$$1^2 + 2^2 + 3^2 + \cdots\cdots + k^2 = \frac{1}{6}k(k + 1)(2k + 1)$$
$$P(k + 1)에서는 좌변 = (1^2 + 2^2 + 3^2 + \cdots\cdots + k^2) + (k + 1)^2$$
$$= \frac{1}{6}k(k + 1)(2k + 1) + (k + 1)^2$$
$$= \frac{1}{6}(k + 1)(k + 2)(2k + 3)$$
$$우변 = \frac{1}{6}(k + 1)\{(k + 1) + 1\}\{2(k + 1) + 1\}$$
$$= \frac{1}{6}(k + 1)(k + 2)(2k + 3)$$
이로부터 좌변 $=$ 우변. 따라서 $P(k)$가 옳으면 $P(k + 1)$도 옳다.

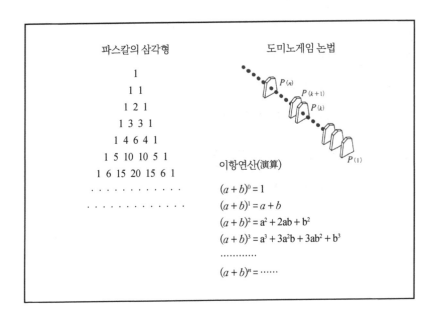

파스칼의 삼각형

```
            1
          1   1
         1  2   1
        1  3  3  1
      1  4  6  4  1
    1  5  10  10  5  1
  1  6  15  20  15  6  1
 . . . . . . . . . . . .
   . . . . . . . . . . .
```

도미노게임 논법

$P_{(n)}$
$P_{(k+1)}$
$P_{(k)}$
$P_{(1)}$

이항연산(演算)

$$(a+b)^0 = 1$$
$$(a+b)^1 = a+b$$
$$(a+b)^2 = a^2 + 2ab + b^2$$
$$(a+b)^3 = a^3 + 3a^2b + 3ab^2 + b^3$$
....
$$(a+b)^n = \cdots\cdots$$

이 수는 위의 이(2)항연산을 계수로 하여 얻어지는 것이다.

2. 무한의 역이용

앞 항에서는 다루기 힘든 무한을 유한에 가두는 것을 생각했는데 여기서는 무한의 불가사의와 아름다움에 대해서 보기로 한다. 우선은 다음 페이지의 '연분수(連分數)'와 도형을 보기 바란다.

처음의 식은 '황금비'이다. 이것은 고대 그리스 기원전 4세기의 비례론자(比例論者) 에우독소스가 발견한 것으로서 그리스의 건축, 조각 등에 이용된 아름다운 비(比)이다. 그 아름다운 비가 단지 '1'만을 사용한 연분수로 깨끗이 보여 줄 수 있는 것은 어쩐지 불가사의한 일이라 하지 않을 수

없다. 황금이등변삼각형은 형태가 아름다울 뿐만 아니고 닮은꼴이 차례

차례 만들어지는 형태이다. 다음에 각각 유사한 것을 소개한다.

황금비(黃金比)

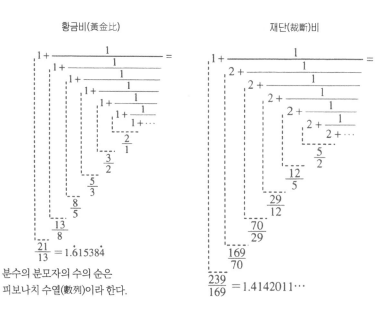

재단(裁斷)비

$$1+\cfrac{1}{1+\cfrac{1}{1+\cfrac{1}{1+\cfrac{1}{1+\cfrac{1}{1+\cdots}}}}}=$$

$$\frac{2}{1}$$

$$\frac{3}{2}$$

$$\frac{5}{3}$$

$$\frac{8}{5}$$

$$\frac{13}{8}$$

$$\frac{21}{13}=1.6\dot{1}538\dot{4}$$

분수의 분모자의 수의 순은
피보나치 수열(數列)이라 한다.

$$1+\cfrac{1}{2+\cfrac{1}{2+\cfrac{1}{2+\cfrac{1}{2+\cfrac{1}{2+\cdots}}}}}=$$

$$\frac{5}{2}$$

$$\frac{12}{5}$$

$$\frac{29}{12}$$

$$\frac{70}{29}$$

$$\frac{169}{70}$$

$$\frac{239}{169}=1.4142011\cdots$$

황금이등변삼각형

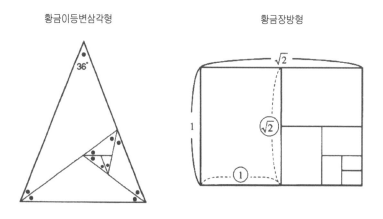

황금장방형

제6장 '수학과 무한'의 화제집 | 117

종이의 마무리치수			
B		A	
열번호	단위(mm)	열번호	단위(mm)
B0	1030 × 1456	A0	841 × 1189
B1	728 × 1030	A1	594 × 841
B2	515 × 728	A2	420 × 594
B3	364 × 515	A3	297 × 420
B4	257 × 364	A4	210 × 297
B5	182 × 257	A5	148 × 210
...		...	

(예) A0판의 세로·가로의 비

$$\begin{array}{r} 1.41\,4\!\!\!\diagdown\!\!\!\diagdown\!\!\!\diagdown \\ 841{\overline{)1189}} \\ 841 \\ \hline 3480 \\ 3364 \\ \hline 1160 \\ 841 \\ \hline 3190 \\ 2523 \\ \hline 6670 \\ 5887 \\ \hline 783 \end{array}$$

약 $\sqrt{2}$

앞 페이지의 두 가지는 어느 것도 $\sqrt{2}$ 와 관계한다. 규격판의 종이에는 A열, B열의 두 계통이 있고 A열은 1m², B열은 1.5m²이다. 각각 세로·가로의 비가 1:$\sqrt{2}$ 로 되어 있다.

이 규격은 제2차 세계대전 중에 물자 부족에 대한 대응책으로써 일본 정부가 생각한 것으로 원판(原判)의 절반, 절반, 절반이라는 재단비가 모두 닮은꼴로 되어 있어 짜투리가 나오지 않도록 연구되어 있는 훌륭한 아이디어의 비이다.

합동식이라 하는 것은 무한에 대해서 주기(週期)를 가진 유한—순환적 무한—으로 바꿔서 어려운 문제를 간단히 처리하는 방법이다.

우선 신변의 달력을 예로 들어 그 의미를 이해하기로 하자.

						어떤 해 2월의 요일		

일	월	화	수	목	금	토
			1	2	3	4
5	6	7	8	9	10	11
12	13	14	15	16	17	18
19	20	21	22	23	24	25
26	27	28	1	2	3	4

지금 어느 해 2월의 달력이 오른쪽과 같다고 할 때, 일요일이 되는 날의 날짜는 모두 7로 나누었을 때 나머지가 5로 되는 것이다.

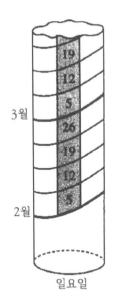

3월
2월
일요일

$5 \div 7 = 0$ 나머지 5	이때
$12 \div 7 = 1$ 나머지 5	5, 12, 19, 26은 7을
$19 \div 7 = 2$ 나머지 5	나눗수로 하여 합동
$26 \div 7 = 3$ 나머지 5	이다라고 한다.

다음 페이지의 합동식의 정의로부터 알 수 있는 것처럼 이것은 달력과 같은 유한의 세계에 국한된 것은 아니고 정수(整數) 전체 무한의 수에 대한 것이다.

합동식에서는 이제까지와는 상이한 일도 일어난다.

$$x^2 - 1 \equiv 0 \pmod{8}$$

에서는 x의 값은 1, 3, 5, 7의 4개의 풀이가 얻어진다.

또는 2^{1000}을 계산한 수의 끝자리의 숫자는,

$2^5 = 3\underline{2}$, $2^5 \equiv 2(\text{mod }10)$과 $2^{1000} = [\{(2^5)^5\}^5]^8$으로부터 실제 계산을 하지 않아도,

$2^8 = 2^5 \cdot 2^3$의 끝자리의 숫자, 즉 6이라고 구할 수 있다.

합동식

2개의 정수(整數) a, b의 차가 정수 m의 배수일 때 a와 b는 m을 나눗수로 하여 합동이다라 말하고,

$a \equiv b(\text{mod }m)$ 또는 $a \equiv b(m)$ 으로 나타내고 이 식을 합동식이라 한다.

(주) mod는 module, 규격화된 유닛의 약칭

(예) 앞 페이지의 달력
    $26 \equiv 19 \equiv 12 \equiv 5(\text{mod }7)$

더구나 신변의 가까운 유용성으로서는 "어떤 정수가 9로 나누어 떨어지는가를 조사하려면 그 수의 숫자의 합을 구하여 그것이 9의 배수인가를 조사하면 된다"라는 성질의 설명에 사용할 수 있다. 두 가지로 하여 보자.

합동식의 사고를 발전시키면 이제까지 도저히 수학의 대상으로 될 것이라고는 생각할 수 없었던 것에 대해서 수학의 대열에 끼게 할 수 있는 것이다.

여기서는 그 일례로서 전기 각로(脚爐)의 4단 변환 스위치에 대하여 연산을 생각해 보자.

122페이지와 같이 '꺼짐, 약(弱), 중(中), 강(強)'에 수를 대응시켜 '회전'을 연산하면 연산에 99 표와 같은 것을 만들 수 있다.

'군(群)'이라는 수학은 5차방정식이 1차~4차 방정식처럼 풀이의 일반 공식을 얻을 수 없는, 즉 "대수적으로는 풀 수 없다"는 증명을 할 때 부산물로서 창안된 19세기의 수학으로 그 정의는 122페이지와 같다(대수적 해법이란 $+, -, \times, \div, \sqrt{}$에 의한 연산해).

53784는 9로 나누어 떨어지는가

53784
$$= 50000 + 3000 + 700 + 80 + 4$$
$$= 5 \times (9999 + 1) + 3 \times (999 + 1) + 7 \times (99 + 1) + 8 \times (9 + 1) + 4$$
$$= 5 \times 9999 + 5 + 3 \times 999 + 3 + 7 \times 99 + 7 + 8 \times 9 + 8 + 4$$
$$= \underline{9(5 \times 1111 + 3 \times 111 + 7 \times 11 + 8)} + \underset{\text{A}}{\underbrace{5 + 3 + 7 + 8 + 4}}$$
$$\quad\quad\quad 9\text{의 배수}$$

따라서 53784는 A가 9로 나누어 떨어지면 나누어 떨어진다.

일반의 수, $10000a + 1000b + 100c + 10d + e$에 대해서도 위의 방법에 의하여 주어진 식 $= 9(1111a + 111b + 11c + d) + \underline{a + b + c + d + e}$로 설명할 수 있다.

한편 합동식을 이용하면 $10000 \equiv 1000 \equiv 100 \equiv 10 \equiv 1 \pmod 9$로부터 주어진 식 $= a + b + c + d + e \pmod 9$로서 간단히 설명할 수 있다.

(참고)
어떤 정수가 11로 나누어 떨어지는가를 조사하는 데에는 그 수의 하나 거른 숫자의 합으로 된 2수의 차가 0이거나 11의 배수일 때이다. 이것은 합동식으로 간단히 설명할 수 있다(194페이지로).

제6장 '수학과 무한'의 화제집 | 121

꺼짐 → 0
약(弱) → 1
중(中) → 2
강(强) → 3

라 생각하면

$0 + 2 \equiv 2 \pmod 4$
$1 + 3 \equiv 0 \pmod 4$
$3 + 6 \equiv 1 \pmod 4$
집합: $\{0, 1, 2, 3\}$
연산: Ω(회전)

전기각로

연산표

Ω	회전한다			
	0	1	2	3
처 0	0	1	2	3
음 1	1	2	3	0
의 2	2	3	0	1
위 3	3	0	1	2
치				

(주의)
여기서는 4 이상의 수는 존재하지 않으나 회전은 무한이다.

군의 정의

무정의(無定義) 요소의 집합 M, 무정의 연산 ∘에 대해서 다음의 조건을 충족시키는 집합 M을 연산 ∘에 대해서 군이라고 한다.

(1) M의 임의의 두 개의 요소 a, b에 대해서 a ∘ b가 정의되고 이것이 M에 속하는 요소일 것 (이러한 것을 M은 연산 ∘에 관해서 닫혀 있다고 한다.)
(2) M의 임의의 세 개의 요소 a, b, c에 대해서 다음의 **결합법칙**이 성립할 것
  $(a \circ b) \circ c = a \circ (b \circ c)$
(3) M의 임의의 요소 a에 대해서 다음의 식을 만족하는 단지 한 개의 요소 e가 존재할 것
  $a \circ e = e \circ a = a$
  이 요소 e를 **단위원**(單位元)이라 한다.
(4) M의 임의의 요소 a에 대해서 다음의 식을 만족하는 요소 a^{-1}이 단지 한 개 존재할 것
  $a \circ a^{-1} = a^{-1} \circ a = e$
  이 요소 a^{-1}을 요소 a의 **역원**(逆元)이라 한다.

(예)

집합: 정수   집합: 유리수

연산: 덧셈   연산: 곱셈

(주) 군은 반드시 **교환법칙**을 만족시키는 것은 아니다.

군의 네 가지 내용을 정리하면 다음의 두 가지가 된다.

(1), (2)로부터 자급자족할 수 있다. 즉 기타의 집합의 수(요소)를 필요로 하지 않는다.

(3), (4)로부터 역연산을 할 수 있다. 예로 삼은 정수에서는 뺄셈, 유리수에서는 나눗셈을 할 수 있다.

즉 정수나 유리수라고 하는 무한의 수의 집합에 대해서 그 특징을 조사할 수 있으나 앞에서의 전기각로 스위치처럼 순환무한(유한)으로도 군을 생각할 수 있다. 오른쪽의 예는 요소가 단지 2개의 집합이지만 이것으로도 군을 만든다.

집합: {-1, 1}
연산: 곱셈 ×

(1)

×	-1	1
-1	1	-1
1	-1	1

닫혀 있다

(2) 결합법칙이 성립한다.
(3) 단위원 1이 있다.
(4) -1의 역원은 -1
    1의 역원은 1

따라서
집합 {-1, 1}은 연산 ×로 군을 이룬다.

0과 자연수의 집합은 무한집합이지만 달력의 mod 사고를 도입하여

지금 이것들을 5로 나누었을 때의 나머지로 분류하여 보기로 하자.

다음의 표가 그것이고 이 분류로 만든 집합을 '잉여류(乘餘類)'라 한
다. 잉여류는 무한을 순환무한이라고 하는 유한으로 대체한 것이다. 이 잉
여류가 덧셈으로 군을 이루는지 조사해 보자(195페이지로).

5를 나눗수로 한 잉여류 만들가

0	5	10	15	20	⟶	0
1	6	11	16	21	⟶	1
2	7	12	17	22	⟶	2
3	8	13	18	23	⟶	3
4	9	14	19	24	⟶	4

* 5로 나눈 나머지로 분류했다.

잉여류: {0, 1, 2, 3, 4}
연산: 덧셈 +

+	0	1	2	3	4
0					
1					
2					
3					
4					

군을 이루는가?

(1) 닫혀 있는가.
(2) 결합법칙이 성립하는가.
(3) 단위원이 있는가.
(4) 각 요소에 역원이 있는가.

3. 움직이는 정지(靜止) 위성

현대는 몇 천 개나 되는 인공위성
이 지구의 상공을 날아다니고 있는 시
대이다. 과학위성, 기상위성, 통신위
성 게다가 군사위성 등 여러 가지가 있
고 이 중에는 정지위성이 있다.

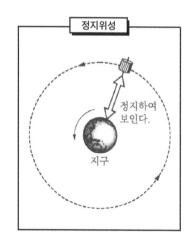

명칭은 '정지위성'일지라도 실태
(實態)는 거의 무한으로 움직이고 있는
것이다. 특히 인공위성의 궤도 높이를
3만 6천 킬로미터로 하면 궤도가 원을 그리기 위해서는 꼭 지구의 자전(自
轉)과 같은 주기로 회전하는 것이 필요하게 되고, 궤도면을 적도면에 일치
시키면 지구로부터는 정지(靜止)하여 보인다.

정지위성을 적도상에 같은 간격으로 3개 배치하면 세계의 텔레비전
을 언제라도 중계할 수 있다.

그런데 인공위성이 원을 그리고 지구를 회전하기 위한 속도는 지구로
부터의 거리와 관계가 있고 다음의 그림처럼 지구로부터 멀리 떨어질수
록 위성의 속도가 느려도 된다.

지구의 자전 속도는 지상에서는 초속 0.46km이지만 높이 3만 6천 킬로
미터 위치의 위성이 정지위성이 되기 위해서는 초속 3.1km로 회전하는 것
이 필요하다고 한다.

그런데 쏘아 올린 인공위성이 지구를 계속 돌기 위한 처음 속도는 초

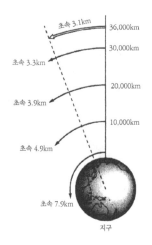

초속 3.1km 36,000km
30,000km
초속 3.3km
20,000km
초속 3.9km
10,000km
초속 4.9km
초속 7.9km
지구

속(砂速) 7.9km 이상이고 11.2km 이하일 필요가 있다고 한다(쏘아 올린 높이가 제로의 경우).

이 수치는 어떠한 근거에 의해서 얻은 값일까. 과연 초등적인 계산으로부터 얻어질 수 있는 것일까.

미적분이나 삼각함수, 로그 등 천문학 관계의 수학을 구사해서 복잡한 계산을 하는 것인 줄 알았더니 뜻밖에도 물리학의 기본적인 공식으로부터 비교적 간단히 구할 수 있는 것이다.

아래는 그것들을 구하는 방법을 보여 주고 있다. 도중의 계산은 생략했기 때문에 각자 그것을 메꾸면서 인공위성의 불가사의한 초속(秋速)에 대해서 공부하기로 하자.

초속 7.9km와 11.2km의 계산법

(조건 1) 무게 m의 것이 속도 v로 원운동을 하고 있을 때 이것을 중심으로 끌어당기고 있는 힘은

$$\frac{mv^2}{r}$$

(조건 2) 만유인력의 법칙에서는 우주 공간의 물체는 서로 끌어당기고 있고 그 인력의 크기는 질량의 곱에 비례하고 거리의 제곱에 반비례하는 것으로부터 2개의 물체의 질량을 m, M, 거리를 r이라 하면 인력은

$$G\frac{mM}{r^2}\quad (G\text{는 비례상수})$$

126

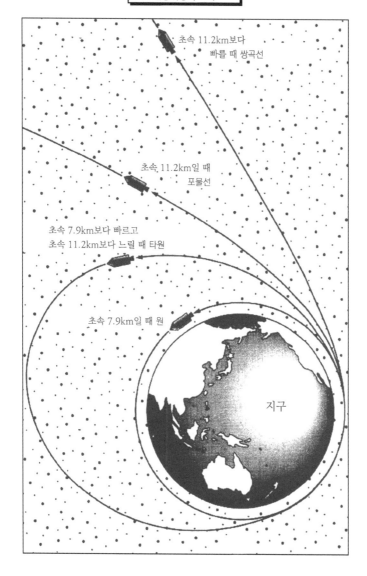

초속 11.2km보다
빠를 때 쌍곡선

초속 11.2km일 때
포물선

초속 7.9km보다 빠르고
초속 11.2km보다 느릴 때 타원

초속 7.9km일 때 원

지구

위의 두 가지로부터 지금 인공위성의 질량을 m, 지구의 질량을 M이라 하면

$$\frac{mv^2}{r} = G\frac{mM}{r^2}$$

위의 식은

$$v^2 = G\frac{M}{r} \quad \text{따라서} \quad \sqrt{G\frac{M}{r}} \cdots (A)$$

(A)에 다음의 각 수치를 대입하여 계산한다.

$G = 6.672 \times 10^{-11} \fallingdotseq 6.7 \times 10^{-11}$

$M = 6.0 \times 10^{24}$

$r = 6.4 \times 10^{6}$

$$v = \sqrt{6.3 \times 10^{7}} = 7.9 \times 10^{3}\,\text{m/sec}, \text{초속 } 7.9\text{km}$$

속도가 지나치게 빠를 때 지구를 돌지 않고 우주로 날아간다.
그 속도는

$$\frac{mv^2}{2} \geq G\frac{mM}{r} \quad \text{즉 } v \geq \sqrt{2G\frac{M}{r}}$$

이것에 위의 수치를 대입하면

$$v = \sqrt{12.6 \times 10^{7}} = 11.2 \times 10^{3}\,\text{m/sec}, \underline{\text{초속 } 11.2\text{km}}$$

---

1. 임의의 점에서 임의의 점으로 직선을 그을 수 있을 것
2. 유한의 직선을 계속해서 쭉 곧은 선으로 연장할 수 있을 것
3. 임의의 중심과 거리(반지름)를 갖고 원을 그릴 수 있을 것
4. 모든 직각이 서로 같을 것
5. 하나의 직선이 2개의 직선과 교차하여 같은 쪽에 합이 2직각보다 작은 내각(內角)을 만들 때 이 두 직선은 그것을 끝없이 연장하면 직각보다 작은 선이 있는 쪽에서 교차할 것(오른쪽 그림 참조)

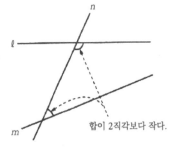

합이 2직각보다 작다.

평행선의 공리란 기원전 3세기에
만들어진 유클리드의 『원론』 중 다섯
가지 공준(공리)의 하나에 지나지 않
지만 이것은 오래도록 후세의 과제가
되고, 19세기에는 새로운 기하학과 공
리주의 탄생의 도화선이 되었으며 게
다가 우주 개발을 위한 인공위성과 관
계를 갖는다.

평행선은 '무한'을 대표하는 것의
하나이지만 『원론』 중의 공리에서는
왼쪽과 같고 그것이 '비유클리드 기하
학'이라는 것으로의 탄생에 연결되어
가는 것이다.

『원론』(통칭 유클리드 기하학)의
제1권에는 왼쪽의 다섯 가지 공준(공
리)이 있다.

같은 값인 명제

(1) 직선상에 없는 한 점을 지나서
이에 평행한 직선은 단지 1개
이다.

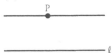

(2) 삼각형의 내각의 합은 2직각
이다.

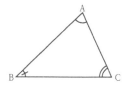

(3) 사각형에서 3개의 내각이 모
두 직각일 때 나머지 각도 직각
이다.

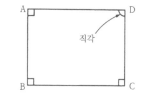

앞 페이지의 다섯 가지 공준을 보
면 처음 네 가지의 공준은 단도직입, 매우 명쾌하고 알기 쉽지만 제5공준
만이 유별나서 문장이 길고 알기 어렵다. 이 때문에 많은 기하학자가 이에
대하여 두 가지 면에서 도전했다.

(1) 더 짧은 글로 될 수 없을까.

(2) 이것은 공준이 아니고 증명할 수 있는 정리는 아닌가.

결국 짧은 글로는 되지 않았지만 오른쪽의 명제와 같은 값(同値)이라는 것이 유도되었다.

같은 값인 명제 중 (1)이 뒤에 유명해진 '평행선의 공리'이다.

18세기 이탈리아의 사케리가 예리하게 이 문제의 해결에 다가섰다. 그 발상은 다음과 같은 것으로서 이 작도로부터 ∠C = ∠D는 삼각형의 합동조건으로부터 즉각 증명할 수 있으나, 이것들이 어떠한 각인지(상식상으로는 공히 직각이지만—) 이것으로부터는 유도할 수 없다. 그래서 (1)~(3) 각각의 가정을 한 것이다.

실은 후세에 이것으로부터 3개의 기하학이 생기기 때문에 매우 중요한 발상이었다.

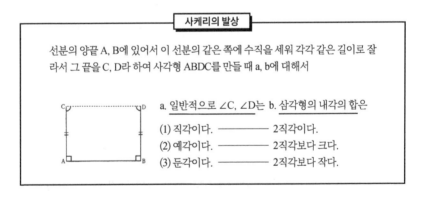

사케리의 발상

선분의 양끝 A, B에 있어서 이 선분의 같은 쪽에 수직을 세워 각각 같은 길이로 잘라서 그 끝을 C, D라 하여 사각형 ABDC를 만들 때 a, b에 대해서

a. 일반적으로 ∠C, ∠D는   b. 삼각형의 내각의 합은
(1) 직각이다. ——————— 2직각이다.
(2) 예각이다. ——————— 2직각보다 크다.
(3) 둔각이다. ——————— 2직각보다 작다.

19세기에 들어서서 유클리드 기하학의 '평행선의 공리'만을 바꿔 넣어 2개의 **비유클리드 기하학**이 탄생했다.

(1) 평행선이 1개도 없다. → 독일의 리만에 따른다.

(2) 평행선은 무수히 있다. → 러시
아의 로바체프스키, 헝가리의
볼리아이에 따른다.

이것들은 전통 있는 기하학의 일
대 혁명이고 최초에는 도대체 어느 것
이 옳은 기하학인가를 논한 것이다. 그
러나 모두 기하학이라는 것이 인정되
었고 이것을 계기로 수학계에 '공리주
의'가 탄생되어 수학이 한층 발전하게
되었다.

이 비유클리드 기하학의 모델로서
각각 오른쪽의 그림이 고안되었다.

상대성 이론이라 하면 독일 태생의
미국인 아인슈타인(1879~1955) 창안
으로서, 1905년 특수상대성 이론 발표
후 일반상대성 이론을 완성하여 그것
을 확장한 통일장이론으로 진척되었
다. 이 이론은 우주 개발에 커다란 공
헌을 했을 뿐만 아니고 앞에서 말한 비
유클리드 기하학과도 관계가 있다.

리만기하학이 그의 상대성 이론 건설에 유력한 역할을 수행했다고 일

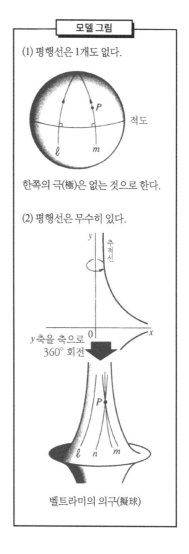

모델 그림

(1) 평행선은 1개도 없다.

적도

한쪽의 극(極)은 없는 것으로 한다.

(2) 평행선은 무수히 있다.

y

추적선

y축을 축으로
360° 회전

벨트라미의 의구(擬球)

사케리의 가정	모델공간	3개의 이동점		
		점	직선	평행선
(1) 직각	평면	점	최단거리	단지 1개 있다.
(2) 예각	凸면	점	최단거리 (큰원의 일부)	1개도 없다.
(3) 둔각	凹면	점	최단거리 (추적선의 일부)	무수히 있다.

각	3개의 이동점			분류
	삼각형 내각의 합	합동	닮음	
각	2직각	무수히 만들 수 있다.	무수히 만들 수 있다.	포물적 기하
각	2직각보다 크다.	무수히 만들 수 있다.	하나도 없다. 평행이 아니다	타원적 기하
각	2직각보다 작다.	무수히 만들 수 있다.	하나도 없다. 평행이 아니다	쌍곡적 기하

경기장

말뚝

말뚝 1개씩 좌우로 움직였는데 보는
위치에 따르면 말뚝 2개분이 움직여
보인다.

컬어지지만, 우주의 문제 해명에는
'유클리드 기하학'이 유용한 것은 아
니었다. 언뜻 보기에 비유클리드 기하
학은 상식을 벗어난 것 같지만 이쪽이
현실적으로 응용력이 있다고 하는 것
이 참으로 불가사의하다.

　여기서는 상대성 이론에 깊이 들어
가지는 않지만 무의식중에 수학계를 뒤
흔들어 놓은 '제논의 역설'인 '경기장'
의 "어떤 시간은 그 2배의 시간과 같다"(73페이지)라고 하는 패러독스가
머리에 떠오른다.

　상대성 이론도 초기에는 패러독스라고 생각되었지만 천문학상의 여
러 사실에 의해서 정당성이 거의 확인되었다.

　운동, 시간, 공간이라는 수학상으로 2400년래(年來)의 문제로 하고 있
는 사항과 깊이 관계되고 있다.

휴게실—극락까지 '십만억토'—

불교의 세계에서는 '극락(極樂)'까지 거리가 '십만억토(十方億土)'라고 한다. 현세(現世)로부터 이 극락을 향하여 '광속(光速)'으로 난다면 몇 년 정도로 갈 수 있는가.

소세계(小世界)가 천 개로 소천(小千)세계, 소천세계가 천 개로 중천(中千)세계, 중천세계가 천 개로 대천(大千)세계, 이 대천세계는 소세계 10억 개로서 이것을 '토(土)'라 한다. 소세계 사이의 거리를 3.35광년이라 하면 극락까지는 10경(京) 광년 걸린다고 한다.

우주 끝까지의 수백만 배!

휴게실—우주적 척도의 무한—

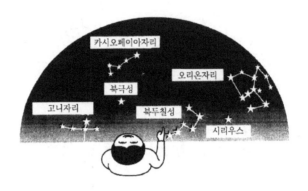

한마디로 '무한'이라 할지라도 인간적 척도의 무한으로부터 수학적 무한까지 여러 가지 있다.

우주의 지평선까지는 지구에서 150억~200억 광년, 거기까지에는 약 1000억 개의 은하가 있고 하나의 은하에는 수천억 개의 별이 있다고 한다.

은하계에는 약 4000억 개의 항성(恒星)이 있고 항성의 이 태양계와 마찬가지로 행성(行星)을 갖는다. 그것을 평균 10개라 하면 은하계에 1조 3천억 개의 행성이 있다고 예측되기 때문에 전 우주 내 행성의 수는 기절할 정도의 '유한적인 무한'이라는 것이 될 것이다.

여담이 되지만 이것만큼의 행성이 있으면 생물이 살고 있는 별도 있고 그 중에는 인간과 같은 전파기술도 갖는 지적(知的) 생물이 있는 가능성은 상당히 있을 것이다. 어떤 천문학자의 시산 (試算)으로는 하나의 은하에 100개의 문명이 기대되고 상호간 거리는 수천 광년 정도라고 한다.

제7장

무한으로의 새로운 도전

1. 무한논법과 그 모순

이제까지 '무한'에 대해서 폭넓게 생각해 왔는데 이 장에서는 무한이 갖는 실태를 해명해 가도록 하겠다. 물론 이제까지 몇 가지를 밝히거나, 이용하거나, 발전시켜 오거나 하고 있다. 우선 그것을 정리해 보자.

기원전 5세기에 피타고라스는 무리수의 존재를 알았는데, 정수론자인 그는 이 수가 정수나 그 비(比)로 나타낼 수 없다는 것으로부터 신의 오류라고 생각하여 문하생에게 입 밖에 내지 못하도록 했다고 한다.

그 뒤 이 학파에서는 무리수를 무한(오른쪽의 그림)으로 만들 수 있음을 발견하고 있다.

피타고라스는 '피타고라스의 정리'(3제곱의 정리)의 발견자로서 알려져 있는데, 오른쪽 세 변의 관계식으로부터 피타고라스수(數)를 무한히 만들 수 있음을 보여 주고 있다.

기원전 3세기 『원론』의 저자 유클리드는 소수가 무한히 존재함을 아

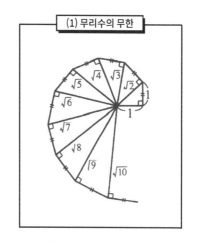

(1) 무리수의 무한

$\sqrt{5}$ $\sqrt{4}$ $\sqrt{3}$ $\sqrt{2}$ 1 1 $\sqrt{6}$ $\sqrt{7}$ $\sqrt{8}$ $\sqrt{9}$ $\sqrt{10}$

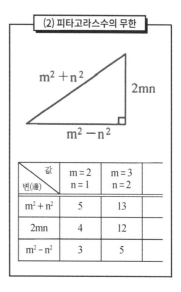

(2) 피타고라스수의 무한

$m^2 + n^2$ $2mn$ $m^2 - n^2$

변(邊) \ 값	$m = 2$ $n = 1$	$m = 3$ $n = 2$
$m^2 + n^2$	5	13
$2mn$	4	12
$m^2 - n^2$	3	5

래와 같이 증명했다.

---

(3) 소수(素數)는 무한히 있다

소수가 유한이라 하고 그 최대의 수를 p라 한다.

$$2 \times 3 \qquad\qquad +1 = 7(소수)$$
$$2 \times 3 \times 5 \qquad\quad +1 = 31(소수)$$
$$2 \times 3 \times 5 \times 7 \qquad +1 = 211(소수)$$
$$\cdots\cdots\cdots\cdots\cdots\cdots\cdots\cdots$$
$$2 \times 3 \times 5 \times 7 \times \cdots p + 1 = A(소수이거나 합성수)$$

지금 A를
① 소수라 하면 이것은 최대소수 p보다 크다.
② 합성수라 하면 A의 약수는 2~p까지의 어느 소수보다도 큰 소수이고, 이것은 p보다 크다.

위의 ①, ②로부터 "최대의 소수가 있다"는 가정에 모순된다. 즉 소수는 무한이다.

그밖에 이미 이 책에서 언급한 것을 열거해 보면,

(4) 에우독소스―아르키메데스의 적진법

(5) 메나이크모스―아폴로니우스의 원뿔곡선론

(6) 피보나치의 수열(數列)(192페이지 참조)

(7) 뉴턴, 라이프니츠의 미분적분학, 즉 함수

(8) 사회문제에 관해서 탄생한 확률론과 통계학

(9) 원주율의 값을 무한급수 공식으로 구한다(17세기의 루돌프까지는 내·외접의 정다각형에 의한다).

(10) 페아노의 공리, 파스칼의 수학적 귀납법에 의한 자연수에의 대응

등 다방면에 걸쳐서 무한의 여러 문제를 그 나름으로 해결해 온 다음 '무한'의 유한화 또는 여러 가지의 값을 급수나 연분수(連分數) 등의 무한으로 표현을 해왔다.

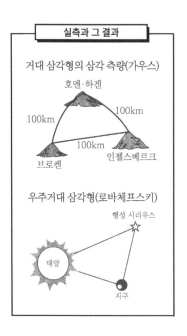

실측과 그 결과

거대 삼각형의 삼각 측량(가우스)

호엔·하겐
100km
100km
브로켄
100km
인젤스베르크

우주거대 삼각형(로바체프스키)

행성 시리우스
태양
지구

일단 순조롭게 무한에 대응하여 온 것처럼 보이지만 남겨지고 미해결된 것도 많다. 예컨대,

∘ 도형은 점의 집합, 그러면 점을 모으면 도형을 만들 수 있는가.

∘ 무한 분할은 가능한 것인가.

∘ 연속론 사상과 원자론 사상의 대립

∘ 불가분량에 대한 단책형(短冊形)의 발상과 수열

∘ 적진법의 그 후와 극한법과의 관계

등 많은 문제를 남기면서 응용수학으로서의 미적분학이나 널리 함수가 또 확률론, 통계학이 사회에서 유용한 도구로서 활약했다. 현대의 '퍼지 이론'과 같은 것이라 할 수 있다.

그렇다고는 하지만 '무한문제'는 19세기말부터 커다란 한 걸음을 내딛게 된다.

가우스는 괴팅겐대학의 천문대장을 역임한 정도의 천문학자이기 때문에 거대(巨大) 삼각형에 의해서 자신의 이론(내각의 합은 180°보다 크다)을 검증하려고 시도했다. 그러나 실제는 오차의 범위에서 목적은 달성되지 않았다고 한다.

로바체프스키는 우주 규모로 측정했으나 성과는 없었다.

19세기 초엽에 무한과 기하학에 커다란 하나의 돌을 던졌고 게다가 그것을 바탕으로 대발전을 시킨 주역인 가우스, 볼리아이, 로바체프스키에 대해서 조금 소개하기로 한다.

가우스는 아르키메데스, 뉴턴과 견주는 사상 최고의 수학자라고 일컬어졌는데, 1795년에 괴팅겐대학에 입학하고 다음 해 17각형의 작도법을 발견하여 수학자가 될 것을 결심했다. 여기서 친구 볼리아이(아버지 쪽)와 기하학의 기초에 대해서 서로 토론하고 '평행선의 공리'의 증명도 시도했으나 이것은 증명할 수 없는 명제라는 것을 발견했다. 그러나 당시 절대적인 권위를 갖고 있었던 유클리드 기하학에 대해서 비판하는 것은 세간으로부터 격심한 비난을 받을 것으로 생각하여 이것을 공표하지 않고 있었다고 한다.

그러나 젊은 볼리아이(아들 쪽)는 이 문제에 열심히 들러붙어 드디어 새로운 기하학의 창조에 성공했다. 그러나 그 기쁨도 순간이었고 가우스의 매정한 말 때문에 실의(失意)의 구렁텅이에 빠지게 된다.

그는 헝가리 태생으로 대학의 수학교수인 볼리아이의 아들로서 태어났다. 아버지도 젊었을 때 평행선 공리의 문제에 몰두하면서 실패를 하고 있기 때문에 아들이 수학을 전공하고 아버지와 같은 연구에 흥미를 가졌을 때 "장차 실망할 것이다"라는 불안을 갖고 있었다.

그가 논문을 완성했을 때 아버지는 크게 축복하고 자신이 출판한 수학의 책(1831년)에 부록으로서 공표했다. 그는 아버지의 친구이자, 당세 제일의 수학자 가우스로부터 격찬을 받을 것을 기대했다. 그런데 가우스는 아버지를 통해서 "이 연구는 내가 젊었을 무렵 하고 있었던 것과 같다"라고 말함으로써 그는 큰 실망을 했다는 것이다.

그는 검(劍)과 바이올린의 명수로서 20세에 병역에 복무했을 때 군대 내에서 13인의 사관(士官)과 검의 시합을 하고 한 사람에게 이길 때마다 바이올린 한 곡을 키고 전원에게 이겼다는 전설이 있다.

그는 가우스의 이야기를 전해 들었을 때 격분하여 사벨(양검)로 자신의 초상화를 모두 베어서 찢었기 때문에 부친의 초상화는 남아 있어도 그의 것은 한 장도 없다고 한다.

한편 로바체프스키는 뒤에 카잔 대학의 학장까지 되었지만 이 연구에 거의 일생을 바쳤음에도 불구하고 학계에서는 인정을 받지 못했다. 저서 『허(虛)의 기하학』(1840년)이 가우스의 마음에 들어 아카데미의 통신회원이 되기는 했지만 이 연구업적에 대한 평가는 없었다.

관련되는 이야기인데 122페이지에서 언급한 5차방정식 일반 해 증명으로써 탄생된 '군'의 창안자 갈루아는 20세에 결투로 사망했고 아벨은

27세에 폐병으로 죽었다. 이러한 비극뿐만 아니고 죽은 후 30년이 되어서 겨우 업적이 인정되었는데, 어느 사람이나 선구자는 모두 불행한 일생이 많았다.

2. 볼차노의 역설

114페이지에서 언급한 자연수에 관한 '페아노의 공리' 창안자인 이탈리아의 수학자 페아노(1858~1932)는 또 하나 유명한 '페아노곡선'을 창안했다.

이것은 "1차원과 2차원과는 동등하다"라고 하는 패러독스이다.

다음 페이지의 그림이 그 설명도이고, 그림 1에서는 각 모눈(方眼) 한가운데의 점을 차례차례 연결할 수 있다. 다음의 그림 2에서는 각 모눈을 $\frac{1}{4}$로 분할하여 다시 각 작은 모눈 한가운데의 점을 차례로 연결한다.

다음의 그림 3에서……로 어디까지나 세분화를 계속해 가면 이 평면(정방형) 위의 모든 점을 꺾은선으로 연결할 수 있기 때문에 평면이 선으로 다 메워져 버린다. 즉 극한에서는 1차원으로 2차원이 메워지기 때문에 '동등(同等)'이라고 생각할 수 있는 것이다.

필자가 중학교의 교사를 하고 있었을 때 중학교 1학년 학생들에게 다음의 문제를 출제했다.

$1-1+1-1+1-1+1-1+$……의 답은 얼마인가.

이에 대해서 3종류의 답이 있었다.

① 0

② 마지막이 플러스 1이면 답은 1,

　　마이너스 1이면 답은 0

③ 모른다.

이 중에서 ②의 답이 의외로 많아 중학 1년생 정도에서는 무한이라 해도 큰 유한에 대한 것을 생각하는 것인가라고 생각한 기억이 있다.

실은 이 문제는 19세기 체코의 수학자, 철학자, 그리고 신학자였던 베나르트 볼차노의 저명한 책 『무한의 역설』(1851년)에 있는 것이다. 이 책은 뒤에 수학계를 양분(兩分)시킨 무한의 서적 『집합론』의 저자 칸토어가 그 책 속에서 '자기의 선구자'라고 칭송한 정도의 역사적인 도서였다.

146페이지 식의 우변은 아무리 생각해도 $\frac{1}{2}$이 아니고 0이 아닌가라고 생각된다. 그러면 좌변의 $\frac{1}{2}$과 상이하여 모순을 갖게 된다. 이것은 어디에 문제가 있는 것일까.

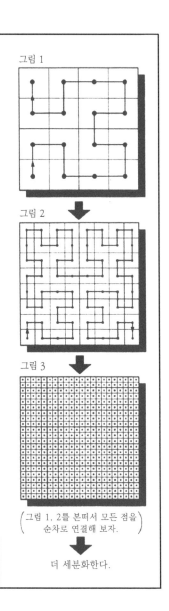

그림 1

그림 2

그림 3

(그림 1, 2를 본떠서 모든 점을 순차로 연결해 보자.)

더 세분화한다.

$$1 - x + x^2 - x^3 + x^4 - \cdots$$
$$1 + x \overline{)1}$$
$$\underline{1 + x}$$
$$-x$$
$$\underline{-x - x^2}$$
$$x^2$$
$$\underline{x^2 + x^3}$$
$$-x^3$$
$$\underline{-x^3 - x^4}$$
$$x^4$$
$$\underline{x^4 + x^5}$$
$$-x^5$$

옆의 나눗셈으로부터

$$\frac{1}{1 + x} = 1 - x + x^2 - x^3 + x^4 - x^5 + \cdots$$

지금 위의 식에서 $x = 1$이라 하면

$$\frac{1}{2} = 1 - 1 + 1 - 1 + 1 - 1 + \cdots$$

이 되어 우변 계산의 답이 $\frac{1}{2}$로 된다.

(검증)

$1 - 1 + 1 - 1 + 1 - 1 + \cdots$ 을 초항 1, 공비 -1로 하는 무한등비급수로 보면

공식 $S = \dfrac{a}{1 - r}$(a 초항, r 공비)로부터 위의 식은

$$S = \frac{1}{1 - (-1)} = \frac{1}{2}$$

답 $\frac{1}{2}$은 옳은 것 같지만……

이제까지의 계산 패러독스를 상기하여 패러독스에서는 어떠한 함정이 있는지를 신중하게 조사해 보자.

(1) $15 \div 5 = 12 \div 4$
$5(3 \div 1) = 4(3 \div 1)$
양변을 $(3 \div 1)$로 나누면
$5 = 4$?

(2) $3x + 2 = 2x + 3$
$3x - 3 = 2x - 2$
$3(x - 1) = 2(x - 1)$
양변을 $(x - 1)$로 나누면
$3 = 2$?

(3) $a = b \ (\neq 0)$
양변에 a를 곱하여 $a^2 = ab$
양변으로부터 b^2을 빼서
$a^2 - b^2 = ab - b^2$
인수분해를 하여
$(a + b)(a - b) = b(a - b)$
양변을 $(a - b)$로 나누면
$a + b = b$?

(195페이지에)

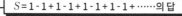
$S = 1 - 1 + 1 - 1 + 1 - 1 + 1 - 1 + \cdots\cdots$의 답

(1) $S = (1 - 1) + (1 - 1) + (1 - 1) + \cdots\cdots$
$= 0 + 0 + 0 + \cdots\cdots$
$= 0$
따라서 답은 0

(2) $S = 1 - (1 - 1 + 1 - 1 + 1 - \cdots\cdots)$
우변의 괄호 안은 0이기 때문에 위의 식은 $S = 1 - 0$
따라서 답은 1

(3) $S = 1 - (1 - 1 + 1 - 1 + 1 - \cdots\cdots)$
우변의 괄호 안은 S와 같기 때문에 위의 식은 $S = 1 - S$
$2S = 1$ $\therefore S = \dfrac{1}{2}$
따라서 답은 $\dfrac{1}{2}$

사고방법을
바꿨더니
답도 바뀌었어.

어느 것이
정답인가?

$$\frac{1}{1+x} = 1 - x + x^2 - x^3 + x^4 - x^5 + \cdots\cdots \text{(146페이지로부터)}$$

위 식에서 $x = \frac{1}{2}$이라 하면

$$\frac{1}{1+\frac{1}{2}} = 1 - \frac{1}{2} + \frac{1}{4} - \frac{1}{8} + \frac{1}{16} - \frac{1}{32} + \cdots\cdots$$

$$\frac{2}{3} = \underbrace{\frac{1}{2}} + \underbrace{\frac{1}{8}} + \underbrace{\frac{1}{32}} + \cdots\cdots \quad \text{수렴한다}$$

공식 $S = \frac{a}{1-r}$를 사용하면, 초항 1, 공비 $-\frac{1}{2}$부터

$$S = \frac{1}{1-\left(-\frac{1}{2}\right)} = \frac{1}{\frac{3}{2}} = \frac{2}{3} \qquad \text{답} \ \frac{2}{3}$$

1개의 계산식에 대하여 3개의 답이 있는 것은 잘못이고 그 원인은 다음과 같이 생각되었다.

"무한개 수의 계산에서는 유한개의 계산 때처럼 괄호로 묶거나 답이 있다 하여 S라고 하거나 하는 방법을 취해서는 안 된다"라는 것이다.

무한급수에서는,

① 더하는 수가 차츰 작아질(공비의 절대값이 1보다 작다) 때는 수렴한다.

② 더하는 수가 차츰 커질(공비의 절대값이 1보다 크다) 때는 발산한다.

③ 같은 수를 가감할 때는 진동(振動)하는 것이고 위의 예는 ①, 또 앞 페이지의 식은 ③이 되고 ③에서는 답이 없다라고 한다.

이러한 것에 입각하여 다음의 계산에 대해서 생각해 보자.

그런데 잠시 기묘한 계산이 계속되었는데 여기서 그것들을 정리하도

록 하자.

$S = 1 - 2 + 4 - 8 + 16 - 32 + 64 - \cdots$의 답

(1) $S = 1 + (-2 + 4) + (-8 + 16) + (-32 + 64) + \cdots$
   $= 1 + 2 + 8 + 32 + \cdots$
   $= \infty$
   　　답　∞

(2) $S = (1 - 2) + (4 - 8) + (16 - 32) + (64 - \cdots$
   $= -1 - 4 - 16 - 64 \cdots$
   $= -\infty$
   　　답　$-\infty$

(3) $S = 1 - 2 + 4 - 8 + 16 - 32 + 64 \cdots$
   $= 1 - 2(1 - 2 + 4 - 8 + 16 - 32 + \cdots)$
   $= 1 - 2S$
   따라서 $3S = 1$　　　답　$\dfrac{1}{3}$　　$\therefore S = \dfrac{1}{3}$

(주) $S = (1 + 4 + 16 + 64 + \cdots) - (2 + 8 + 32 + \cdots)$
   $= \infty - \infty$
   $= 0$
   라고 하는 사고방법에서는 답이 0이 된다.

(주) 이 공비는 −2이고 |−2| > r이다.

147페이지와 위의 무한급수는 『무한의 역설』 제32절에 있는 예이다.

　이 유명한 책은 제1절부터 시작하여 제70절까지 있고 제1절 "왜 저자는 오로지 무한자(無限者)의 역설의 고찰만을 행하려고 하는가"에서 다음과 같이 언급하고 있다.

"우리들이 수학의 영역에서 만나는 역설적인 주장은 쾨스트너가 말하는 것처럼 모두는 아니라 해도 역시 그 대부분은 무한개념을 직접 포함하고 있거나 시도되고 있는 증명이 아무튼 무언가의 형태로 이 개념에 바탕을 두고 있는 명제이다……."

쾨스트너는 독일의 수학자로서 많은 교과서나 수학사를 썼고 가우스의 스승이며 볼차노는 그의 교과서에 의해서 수학에 대한 흥미를 일으켰다고 자서전에서 말하고 있다. 또 『무한의 역설』에서 쾨스트너의 저서 『무한의 분석의 기초』(1799년)로부터의 인용이 있다.

제24절에서는 무한집합에도 여러 가지가 있기 때문에 그 합에 대한 주의를 촉구하고 있다.

그리고 제38절에서는 제논의 역설 이래 시간의 개념에 언급하여 '연속체'라고 하는 후세에 영향을 주는 개념을 들어 설명하고 각 점이 직접 접촉하는 점을 갖는 일이 없는 설명을 하고 있다. 2점이 겹쳐 있는 것도 우습고, 접하고 있다면 틈새기가 있어 우습기 때문이다.

그 밖에 이제까지 무한에 관해 남겨진 많은 문제에 대해서 해결이나 그에 대한 시사(示唆), 방향을 준 점에서 볼차노의 공적은 크다고 일컬어지고 있다.

3. 칸토어의 집합론

독일의 기재(奇才) 수학자 게오르그 칸토어(1845~1918)는 무한의 수학이라 일컬어지는 '집합론'(1873년)을 발표했다. 매우 특출하고 이상한

발상이었기 때문에 스스로 발표를 망
설였다고 일컬어진 대로 당시의 수학
계에는 찬반양론이 있었다.

'집합론'은 물건을 세는 것으로부
터 시작했다. 태고(太古) 또는 미개의
사람들은 수사(數詞)나 숫자를 갖지 않
아도 자신의 신체의 부분이나 작은 돌,
작은 나뭇가지 등을 사용해서 물건의
수량을 파악하고 있었다고 한다.

예컨대 소를 몇 마리 갖고 있는 사람이 아침에 방목(政牧)할 때 한 마리
를 내보낼 때마다 돌 1개를 대응시켜서 돌을 용기에 넣어 두었다가 저녁
에 울 안에 넣을 때 또 소와 돌을 1대 1로 대응시키면 소의 마릿수를 확보
할 수 있었던 것이다.

칸토어는 자연수를 세는 '척도'로써 우선 짝수와 1대 1 대응을 시도했다.

다음 페이지에서는 짝수를 자연수와 1대 1 대응시킬 수 있다는 것으로
부터 농도(무한이기 때문에 정식으로는 개수라고 말하지 않는다)가 같고
'같은 무한동료'라 할 수 있다.

153페이지의 그림은 정수를 자연수와 1대 1 대응시키고 있는 부분이다.

자연수와 대응시키는 것은 크고 작은 순서는 관계없이 단지 일렬로 배
열하면 된다. 반론에서 보여 준 것처럼 별개의 방법으로 보여 주고 "잘 안
된다!"라고 하여서는 곤란하다.

짝수를 자연수에 1대 1로 대응시키면,

자연수	1	2	3	4	5	6	⋯
	↕	↕	↕	↕	↕	↕	
짝수	2	4	6	8	10	12	⋯

가 되어서 개수(농도)는 같다.

[반론]

자연수	1	2	3	4	5	6	⋯
		↕		↕		↕	
짝수		2		4		6	⋯

그래서 홀수가 남고 개수(농도)가 틀린다.

★[반론]과 비슷한 패러독스★

친구 세 사람이 1000엔씩 내어서 3000엔의 상품을 샀더니 점원이 주인으로부터 '500엔을 깎아 줘라'라는 분부를 받았는데도 자기 주머니에 200엔을 넣고 세 사람에게 1인당 100엔씩을 에누리라 하면서 돌려주었다.

결국 한 사람이 900엔씩 낸 셈이 되기 때문에 세 사람으로는 2700엔이고 점원의 주머니의 200엔을 더하면 2900엔이 된다.

처음에 3000엔을 냈는데 그러면 100엔은 어디로 갔는가.

⋯⋯⋯⋯⋯⋯⋯⋯⋯⋯⋯⋯

(힌트) 틀린 방법에 의한 것이고 트집을 잡지 말 것!

(196페이지에)

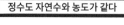

정수도 자연수와 농도가 같다

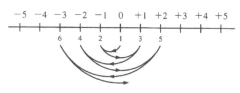

즉 다음과 같이 하여 일렬로 배열한다.

$0, +1, -1, +2, -2, +3, -3, \cdots\cdots$

[반론]

(정수) = (양의 무한대) + 0 + (음의 무한대)

$\quad = \infty + 0 + \infty$

$\quad = 2\infty$ (161페이지 참조)

짝수(홀수도), 정수는 어느 쪽도 자연수의 집합과 같은 동료인 무한이라는 것을 알았다.

그러면 유리수의 집합은 어떠할까, 또 그 조사방법은 어떻게 하면 좋을까.

유리수란 넓은 의미의 분수이다. 2개의 분수가 아무리 가까운 수라도 그 사이에 몇 개라도 분수를 만들 수 있기 때문에 이것을 일렬로 배열하는 것은 불가능한 것처럼 생각되지만 칸토어는 멋진 방법으로 일렬로 배열하는 것을 나타내어 보였다.

대각선논법

$\frac{1}{1}$	→	$\frac{2}{1}$	↗	$\frac{3}{1}$	→	$\frac{4}{1}$	↗	$\frac{5}{1}$	→	…
$\frac{1}{2}$	↙	$\frac{2}{2}$	↗	$\frac{3}{2}$	↙	$\frac{4}{2}$		$\frac{5}{2}$		…
$\frac{1}{3}$	↙	$\frac{2}{3}$	↗	$\frac{3}{3}$		$\frac{4}{3}$		$\frac{5}{3}$		…
$\frac{1}{4}$	↙	$\frac{2}{4}$	↗	$\frac{3}{4}$		$\frac{4}{4}$		$\frac{5}{4}$		…
$\frac{1}{5}$		$\frac{2}{5}$		$\frac{3}{5}$		$\frac{4}{5}$		$\frac{5}{5}$		…
⋮		⋮		⋮		⋮		⋮		

지그재그법

$\frac{1}{1}$	→	$\frac{2}{1}$		$\frac{3}{1}$	→	$\frac{4}{1}$		$\frac{5}{1}$	→	…
		↓		↑		↓		↑		
$\frac{1}{2}$	←	$\frac{2}{2}$		$\frac{3}{2}$		$\frac{4}{2}$		$\frac{5}{2}$		…
↓				↑		↓		↑		
$\frac{1}{3}$	→	$\frac{2}{3}$	→	$\frac{3}{3}$		$\frac{4}{3}$		$\frac{5}{3}$		…
						↓		↑		
$\frac{1}{4}$	←	$\frac{2}{4}$	←	$\frac{3}{4}$	←	$\frac{4}{4}$		$\frac{5}{4}$		…
↓								↑		
$\frac{1}{5}$	→	$\frac{2}{5}$	→	$\frac{3}{5}$	→	$\frac{4}{5}$	→	$\frac{5}{5}$		…
⋮		⋮		⋮		⋮		⋮		

(주) $\frac{1}{1}$, $\frac{2}{2}$, $\frac{3}{3}$ 등은 같은 값의 수이다. 그 밖에 같은 값의 수가 있을 때는 건너뛰어 세어 가면 된다.

이제까지 자연수라고 하는 척도를 사용해서 여러 가지 수의 무한집합에 대해서 조사해 왔는데, 다음의 벤그림으로 유리수까지는 자연수와 같은 동료라는 것을 알았다. 이것들처럼 수를 일렬로 배열하여 '순번을 붙이는 것이 가능한 집합'을 '가부번호(可付番號) 집합'이라 부르고 a의 독일문자 **a**를 사용해서 나타낸다.

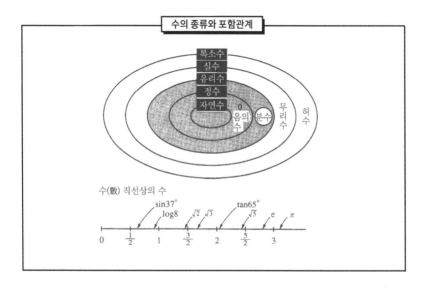

이것은 독일어의 가부번호라는 말의 머리 문자이다. 또 a에 해당하는 히브리어인 **א**를 사용하여 무한 중에서 가장 작다는 것으로부터 0을 붙여서 **א**₀(알레프 제로라고 읽는다)라는 기호로 나타내는 일도 있다.

'가장 작다'라는 것은 아직도 별개의 무한이 있다는 것을 의미하는 것으로 거기에 등장하는 것이 실수(實數)이다.

실수는 어떠한 무한집합인가.

자연수의 집합은 수와 수와의 사이에 빈틈이 있고 뿔뿔이 흩어진 수의 배열이지만 유리수의 집합은 수(數) 직선상에 꽉꽉 채워진 수의 배열이다.

그런데 실수의 집합이 되면 앞 페이지의 수(數) 직선처럼 유리수가 꽉꽉 채워 있는 배열에 제곱근이나 π를 비롯하여 sin, log의 값이나 e까지 얼마든지 들어가는 것이다.

앞 페이지의 수(數) 직선의 그림에서 0과 1 사이의 수 가운데 유리수가 아닌 것의 예를 나열해 본다.

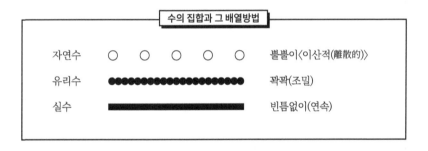

수의 집합과 그 배열방법		
자연수	○ ○ ○ ○ ○	뿔뿔이〈이산적(離散的)〉
유리수	●●●●●●●●●●●●●●●	꽉꽉(조밀)
실수	▬▬▬▬▬▬▬	빈틈없이(연속)

$sin20° = 0.3420\cdots\cdots$

$cos65° = 0.4226\cdots\cdots$

$log3.5 = 0.5441\cdots\cdots$

$\dfrac{\sqrt{2}}{2} = 0.7071\cdots\cdots$

$log6.2 = 0.7924\cdots\cdots$

$\dfrac{\sqrt{3}}{2} = 0.8660\cdots\cdots$

$tan43° = 0.9325\cdots\cdots$

일반적으로는 무한비순환소수이고 이 것들을 무언가의 형태로 일렬로 배열하는 것은 결코 간단한 일은 아니다.

어떠한 순서붙임을 하면 되는 것일까?

칸토어는 다음과 같이 하여 실수가 가부번호집합이 아니라는 것을 증명했다.

지금 자연수와 '0에서 1까지의 실수'와의 사이에 1대 1 대응이 만들어졌다 하고 아래의 표가 그것이라 하자.

여기서 제1위의 수와 소수 제1위의 숫자가 틀리는 a_1'를 소수 제1위라 하고 제2위의 수와 소수 제2위의 숫자가 틀리는 b_1'를 소수 제2위라 하여……라는 방법으로 아래의 무한소수를 만든다.

이 수는 0과 1 사이의 수이고 아래의 표에는 없는 수라는 것을 알 수 있다. 또 그것들을 몇 개라도 만들 수 있다.

결국 실수는 <u>일렬로 배열할 수 없고</u> "자연수와 농도가 같은 가부번호 집합은 아니다"라는 것이다

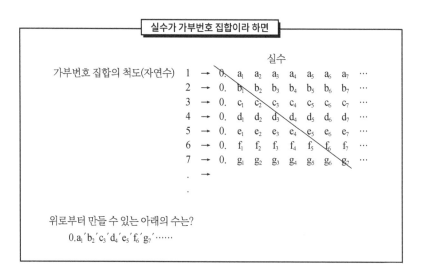

실수의 집합을 '연속체'라 하고 기호 **r**로 나타낸다(**r**는 독일어의 '연속체'의 머리 문자).

이러한 것으로부터 수의 집합에서는 두 종류의 무한이 있음을 알 수 있

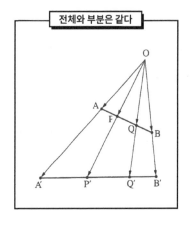

전체와 부분은 같다

다. 아니, **a**, **r** 이외에 아직 무한이 있다고 예상되고 있다 한다. 수학의 세계에서는 무한 중에도 연한 무한이나 진한 무한, 그 밖의 무한이 있다라고 하는 실로 감각으로는 알기 어려운 것이 일어난 것이다.

연속체 문제나 무한에 대해서 아직 해명되지 않은 것이 많다.

칸토어는 도형에서도 사람들을 놀라게 하는 제언을 하고 있다.

유클리드의 『원론』 제1권의 공통개념 (8)에 있는 '전체는 부분보다 크다'라는 상식을 뒤엎는 '전체와 부분은 같다'를 증명한 것이다.

지금 위의 그림처럼 선분 AB에 점광원(点光源) O로부터 빛을 내리쬐면 그림자 A′B′가 생긴다. 이때 선분과 그림자와의 각 점은 1대 1로 대응하고 있기 때문에 선분 AB 상의 점의 개수와 그림자 A′B′ 상의 점의 개수와는 같다.

그림으로 말하면 선분 AB 상의 모든 점은 그림자 A′B′ 상의 점으로써 투영(投影)되고 있다. 즉 'AB와 A′B′와는 같다', 이것은 '전체와 부분은 같다'라는 것이 된다.

더욱이 이것을 패러독스화(化)하면 선분 AB 상의 점과 그림자 A′B′ 상의 점의 개수가 같고 길이가 다르게 되면 '선분 AB 상의 점은 그림자 A′B′ 상의 점보다 작다'라고 하는 점에 크고 작음이 있는 묘한 문제가 파생되어

온다.

점의 이야기가 나오면 페아노의
곡선(144페이지)이 생각난다. 직선이
라고 하는 1차원과 평면이라고 하는
2차원이 동등하다고 하는 것인데 칸
토어는 같은 것을 다음과 같이 설명하
고 있다.

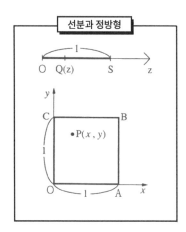

오른쪽의 선분 OS 상의 점과 정방
형 OABC 내의 점이 대응한다는 것이다.

위의 그림에서 선분상의 점 Q와 정방형 내의 점 P가 대응하고 있다고
하자. 점 P를 1조의 수(x, y)로 나타내면 x, y는 1보다 작기 때문에 무한소
수로 나타낼 수 있다(아래 설명 참조).

점 P(x, y)와 점 Q(z)

정방형 내의 점 P(x, y)에서
$$\begin{cases} x = 0.x_1 x_2 x_3 x_4 x_5 x_6 \cdots \cdots \\ y = 0.y_1 y_2 y_3 y_4 y_5 y_6 \cdots \cdots \end{cases}$$
라 하면 위의 숫자를 순차 교호로 취
하여
$$z = 0.x_1 y_1 x_2 y_2 x_3 y_3 \cdots \cdots$$
를 만들면 이것은 0과 1과의 사이의
수이기 때문에 선분 OS 상의 점 Q(z)
좌표에 나타낼 수 있다.

(예)
$$\begin{cases} x = 0.x_1 x_2 x_3 x_4 x_5 x_6 \cdots \cdots \\ y = 0.y_1 y_2 y_3 y_4 y_5 y_6 \cdots \cdots \end{cases}$$
라 하면 위의 숫자를 순차 교호로 취
하여
$$z = 0.513678209342 \cdots \cdots$$
라는 수가 만들어진다.

이 사고를 발전시키면 선분과 입방체도 동등하게 된다.

'집합론'에서는 이러한 여러 가지 불가사의한 것이 있기 때문에 독일의 유력한 수학자 중에 부정적인 사고를 가진 사람이 있어 비판이 많고 그는 어떤 논문에서 "수학의 본질은 그 자유성에 있다"라는 유명한 말을 했다.

그의 연구는 후세에 불후의 이름을 남겼으나 인생은 그다지 행복하지 않았다. 할레대학 교수 시절에는 가끔 정신 이상을 일으켰고 결국 정신병원에서 별세했다.

'수학계'에서는 예술 등과 마찬가지로 시대를 선행(先行)하는 사고가 인정되지 않는 일이 많았다.

휴게실―무한의 계산은 조금 틀리다―

n을 임의의 유한의 자연수 ⎫
$\mathbf{a}$를 가부번호 집합 ⎬ 라 하면
$\mathbf{r}$를 연속체 ⎭

(예)

$\mathbf{a} + n = \mathbf{a}$
$\mathbf{r} + n = \mathbf{r}$ ⎫ $\infty + 3 = \infty$

$\mathbf{a} + \mathbf{a} = \mathbf{a}$
$\mathbf{r} + \mathbf{r} = \mathbf{r}$ ⎫ $\infty + \infty = \infty$

$n\mathbf{a} = \mathbf{a}$
$n\mathbf{r} = \mathbf{r}$ ⎫ $3 \times \infty = \infty$

$\mathbf{a} \times \mathbf{a} = \mathbf{a}$
$\mathbf{r} \times \mathbf{r} = \mathbf{r}$ ⎫ $\infty \times \infty = \infty$

$\mathbf{a}^n = \mathbf{a}$
$\mathbf{r}^n = \mathbf{r}$ ⎫ $\infty^3 = \infty$

다만 $\mathbf{a} < \mathbf{r}$

제8장

신수학(neo-mathematics) 시대의 무한

1. 아무렇게나 되는 대로의 세계

```
┌─────────────── 신수학의 여러 가지 ───────────────┐
│                                                  │
│   순수수학 ┬ 공리주의        응용수학 ┬ 통계추계학        │
│           ├ 집합론                  ├ 오퍼레이션즈·리서치(O·R) │
│           ├ 수학기초론              ├ 카타스트로피        │
│           ├ 정수론                 ├ 프렉털           │
│           ├ 기하변환군             ├ 카오스           │
│           └ ……                  ├ 퍼지            │
│                                  └ ……            │
│                                                  │
└──────────────────────────────────────────────────┘
```

17세기 수학계의 혁명적 전진에 이어서 19~20세기의 커다란 탈피 중 눈이 휘둥그레지는 것이 있다. 이 두 번의 시기는 고대 그리스 이래 피해서 지나온 무한, 연속, 변화, 분할, 시간이라고 하는 것에 정면에서 도전하여 자연과학계뿐만 아니고 사회과학이나 인문과학의 영역에도 발을 내디딘 것이 특징이다. 필자는 전자를 **제1반(反)수학시대**, 후자를 **제2반수학시대**라 부르고 있는데 제2반수학시대에는 아래와 같은 새로운 사상이나 수법의 수학이 탄생했다.

신수학(neo-mathematics) 시대의 수학이란 무엇일까. 한마디로 말하면 무엇이든 연구대상으로 하고 기존의 수학을 총동원할 뿐만 아니고 컴퓨터도 구사하고 거듭 새로운 방법이나 수법 또는 새로운 수학을 탄생시켜 해결하여 간다는 뜻일 것이다.

"수학이란 무엇인가. 이에 대해서는 대답할 수 없지만 수학이 아닌 것

은 무엇인가에 대해서는 대답할 수 있다"라고 하는 말은 칸토어의 "수학의 본질은 그 자유성에 있다"와 함께 수학의 특성을 잘 언급하고 있다 할 수 있을 것이다.

『집합론』은 20세기에 칸토어가 창안한 수학이지만 기본적인 사고로 되어 있는 '1 대 1의 대응'은 태고의 원시인이 이미 사용한 아이디어이다.

한편 이 항에서 언급하는 20세기 수학의 대표 '추계학(推計學)'도 그 발상은 이미 원시인이 이용하고 있었다. 식사용의 감자를 구우면서 "이제 먹을 수 있나"라고 생각했을 때 막대기로 두서너 개 찔러 보아 그 구워진 정도를 조사했을 것이다. 이것이야말로 '표본조사'의 사고이다.

감자의 익은 정도를 조사하는 방법은 현대에도 나날이 사용되고 있고 된장국의 국물 농도를 조사하는 데에 잘 휘저어서 국자로 조금 떠서 맛의 정도를 조사한다는 방법도 그것이다.

'집합론'도 '추계학'도 수학상의 커다란 발견이었는데도 그 발상은 태고적에 있었다고 하는 것이 흥미롭고 이 양자가 '무한'을 문제로 하고 있다는 공통점도 기묘한 느낌을 갖게 한다.

그런데 이 '추계학'(정확히는 추측통계학─표본조사가 중심─)은 영국의 통계학자 피셔(1890~1962)의 창설에 따른다.

그는 평생 시력이 약해서 전깃불 밑에서의 독서나 필기가 금지되어 있었기 때문에 저녁이 되면 머릿속에서 수학 문제를 푸는 습관이 있었다고 한다. 케임브리지대학 졸업 후 1년간 직업이 없었기 때문에 그동안 통계학, 양자론, 오차론을 공부했는데 그것이 뒤에 큰 도움이 되었다.

영국에는 당시 일류의 통계학자 피어슨이 활약했고 피셔는 연구자로서 초청되었으나 이것을 거절하고 런던 교외의 로잠스테드 농사 시험장에서 농업연구를 하기로 했다.

이 무렵 영국의 생물학계에서는 멘델의 유전학설, 다윈의 자연도태설 등 집단유전학 연구가 진행되고 있었다. 피셔도 이 방식을 채용하여 농장 시험의 데이터 해석 등에 우생학(優生學) 방법을 개척, 발전시켜 갔고 그것이 후세에 커다란 공헌을 했다.

'추계학'의 특징은 강이나 바닷물의 오염, 공기의 오염 등 인간적 척도의 '무한'의 문제해결 도구라는 점이다.

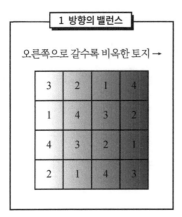

피셔는 밀의 품종개량에 당면하여 이와 관계되는 조건을 조사했다. 밀의 종류, 토질, 비료 게다가 일조(日照)나 배수(配水) 등 식물생육의 조건은 많은 것들이 관계되고 있음을 발견했지만, 이것들을 조합해서 실험을 해서는 결론을 내리는 데에 수십 년 정도가 필요할 거라 예상했다.

더 단기간에 능률 있게 시행할 수 있으면서 더구나 그 결과를 신뢰할 수 있도록 하는 방법은 없는가를 생각한 끝에 얻은 것이 '실험계획법'이다.

'변량(變量)분석법' 쪽은 책상 위에서의 계산으로 끝나지만 '실험배치법'은 밭에 밀의 종자를 뿌리고 비료를 주는 것이기 때문에 일이 단순치는 않다.

우선 밭 문제인데 조금 넓은 밭이 되다 보면 장소에 따라서 토질이 달라진다. 이것이 우연 오차를 넘을 정도로 크면 이 실험은 실패가 되는 것이기 때문에 밭의 조건을 같게 하지 않으면 안 된다.

지금 위 그림(위)과 같이 1방향을 향해서 비옥한 토지로 되어 있을 때는 가령 그림처럼 4 × 4의 16등분으로 구획하여 밀의 품종마다(그림에서는 4품종 1~4) 씨를 뿌리는 장소를 배치하면 공평하게 된다.

밭의 토질이 옆 페이지(아래)와 같이 2방향일 때는 그림처럼 4품종의 장소를 배치하면 된다.

이러한 대규모의 농사 시험을 위해서는 넓은 밭이 필요하게 되는데 그렇게 되면 토질의 들쭉날쭉(편차)이 커진다. 이 모순을 해소하기 위해 랜덤화하는 방법을 궁리한 것이 '난괴법(亂塊法)'이다.

또 조사가 1종류의 인자(因子)로 분류되는 계획을 일원(一元) 배치법이라 부르고 2종류에서는 이원, 다종류에서는 '다원배치법' 등이라 한다.

이때 구획의 할당으로 '라틴 방격(方格)'(옆 페이지 2개의 표)이라는 룰이 등장한다.

이 원형은 고대 이집트, 고대 중국에서 부적이나 퍼즐로서 사람들에게 친숙해져 왔던 마방진(27페이지 참

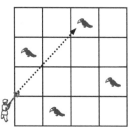

마방진
(가로, 세로 빗금의 각 합은 34)

1	15	14	4
12	6	7	9
8	10	11	5
13	3	2	16

▼

영리한 새

▼

라틴방격

1	3	2	4
2	4	1	3
3	1	4	2
4	2	3	1

될 수 있는 대로 1~4
각 숫자가 가로, 세로, 빗금으로
배열되지 않도록 한다.

조)이다.

앞 페이지의 4방진을 예로 들면 네모칸의 가로, 세로, 빗금 각각 네 숫자의 합이 같은 수가 된다는 것이고 이것이 뒤에 여러 가지 마방진—원진(円陣), 성진(星陣), 입방진(立方陣) 등—이 연구되고 거듭 라틴 방격으로 발전했다. 이 라틴 방격의 퍼즐화로서 영리한 새가 밭에 뿌려진 씨앗을 먹는 데에 '한 번에 두 마리가 총에 맞아 죽지 않도록 늘어서는 배열 방법'이라고 하는 놀이도 있었다.

이것은 농사의 연구 외에 원자핵의 배열이나 작업의 분담 배려 등에 대한 응용이 있다.

오랫동안 사람들에게 친숙해져 온 수학 놀이가 최첨단의 수학에 도움이 되는 것은 '일필휘지(一筆揮之)'라는 퍼즐이 토폴로지(위상기하학)라는 학문으로 성장한 것과 합쳐 생각하여 수학 놀이도 버릴 것은 아니다라고 생각하게 하는 것이다.

그런데 다원 배치법이 되면 그 배열이 바람직스러운 조건이 되도록 하는 수단은 제법 어렵다. 거기에 이용된 것이 랜덤(무작위, 아무렇게나 되는 대로)화하기 위한 '난수(亂數)'이다.

여기서는 한 가지 랜덤화의 구체 예를 들도록 한다.

1992년 7월 10, 11일의 양일, 아사히 신문사에서는 '유엔평화유지활동(PKO) 협력법에 대한 국민의 의식'에 대한 전국 여론조사를 행했는데 전수조사는 아니고 다음 페이지와 같은 방법으로 표본조사를 했다.

전국 유권자 9,000만 명 중에서 층화무작위(層化無作爲) 2단추출법을 거쳐 3,000명을 대상으로 했는데 이것은 3만 분의 1에 상당한다. 3만 분의 1의 목소리를 신용할 수 있는가라는 의문이 남는 사람도 있을 것이다.

'추계학'의 내용을 대표하는 '표본조사'에서는 모(母)집단으로부터 그 축도(縮圖)인 표본을 만드는 것이 가장 중요한 <u>아무렇게나 되는 대로</u>의 방법인 것이다.

여기서의 아무렇게나 되는 대로란 무작위, 즉 특별한 의지(意志)를 갖지 않는 무관심의 작업이다. 그러나 이것은 대단한 일로서 그 작업은 난수(亂數) 주사위에 의한다. 정(正)20면체의 주사위에 0에서 9의 숫자가 두 가지 있는 것으로 이것을 보통 3개 사용하여 000~999까지의 수를 아무렇게나 되는 대로 만들어 표에 정리해 둔다. 이 표가 '난수표'이다. 다음 페이지의 표는 두 자리의 수로 되어 있다. '무작위 추출'로 표본(샘플)을 추출할 때 이 난수표나 난수 주사위를 사용하는 것이다. '표본조사'는 다음의 예처럼 여론조사에서 사용하는 방법이다.

전국 9,000만 명 전원에 조사원이 개별적으로 면접하고 있다면,

◦ 시간이 걸린다.

◦ 비용이 방대해진다.

◦ 집계의 일이 굉장하다.

등의 문제가 있고 사항에 따라서는 결과가 나왔을 때 일이 끝나버려 쓸모가 없어지는 일조차 있다. 이들 장해를 극복한 것이 이 표본조사이다.

그러면 현대사회에서는 어떠한 것에 대해서 어떠한 방법으로 사용되고 있는가를 생각해 보기로 한다.

조사방법: 전국 약 9천2백만 명의 유권자에서 3,000명의 대상자를 선정하여 7월 10, 11일의 양일간 학생조사원이 개별적으로 면접 조사했다. 대상자의 선정방법은 층화무작위 2단추출법으로 전국의 투표구를 우선 도(都), 도(道), 부(府), 현(縣), 도시규모, 산업별 취업률 등에 의해서 348층으로 나누고 각 층에서 한 투표구를 무작위로 추출하여 조사 지점으로 했다. 게다가 조사 지점으로 된 투표구의 선거인명부에서 평균 9명의 회답자를 선정했다.

유효 회답자 수는 2,337명이다. 유효 회답률은 78%. 회답자의 내역은 남성 47%, 여성 53%이다.

1992년 7월 13일 아사히신문

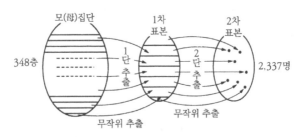

모집단의 축도(縮圖)

난수표(일부)

```
94 13 62 65 43    76 64 64 87 95    09 17 33 84 15    71 44 59 73 02    97 90 06 10 07
18 62 55 60 01    85 32 12 08 73    64 36 42 51 56    71 03 31 16 64    56 93 46 96 61
68 77 27 49 86    29 39 30 35 75    17 70 40 74 29    81 72 95 86 74    66 16 49 26 22
95 93 82 34 90    29 31 91 58 97    3 01 51 42 24     03 67 87 65 75    96 60 03 12 68
31 55 38 83 59    17 83 83 76 16    05 77 99 97 23    43 58 01 98 63    47 82 86 97 93

81 81 76 33 35    44 67 97 19 53    93 76 33 20 03    68 23 82 85 42    54 85 60 18 82
05 18 44 23 18    01 26 84 93 60    95 90 10 86 55    74 95 57 01 00    05 42 45 96 37
73 02 08 33 04    01 12 90 06 73    47 60 17 52 27    09 89 60 44 33    38 90 66 57 09
06 09 71 20 99    06 13 42 52 12    93 08 32 10 97    74 77 96 91 09    39 97 54 15 14
63 01 72 01 40    84 66 49 46 33    64 57 09 02 62    53 54 79 68 81    85 74 59 54 57

23 24 90 96 30    16 00 82 94 14    39 60 28 46 21    75 50 01 27 20    96 74 26 12 71
46 24 76 71 25    80 39 72 86 48    20 33 78 66 21    56 58 59 32 60    55 47 88 45 10
16 78 91 45 79    27 12 15 85 89    62 83 95 33 11    62 63 60 90 10    03 30 83 37 61
52 78 13 58 35    04 09 52 44 30    13 87 39 54 22    58 41 26 94 12    18 12 68 34 99
77 30 83 27 05    66 19 74 00 67    41 99 88 77 49    08 52 12 57 59    35 01 88 65 48
```

(50행 × 50열) 통계과학 연구회편 '통계수치표'에 따른다.

대별하면 아래의 세 종류가 있다.

(1) 시간, 비용, 일을 줄인다.

(2) 전부 조사하면 불편하다.

(3) 모두 조사하는 것이 불가능

먼저 (1)은 앞에서 말한 여론조사

난수주사위(적, 청, 황의 3색이 있다.)

이외에 텔레비전의 시청률, 선거 예상

등의 경우이다.

(2)는 보통 파괴조사라고 일컬어지는 것으로 대량 생산하고 있는 통조림, 볼펜, 형광등 등의 물품으로 전부 조사하면 판매할 제품이 없어진다. 그 때문에 발취(拔取)검사에 따르는데 검사하는 물품은 난수에 의해서 끄집어내는 것이다. (3)이 소위 인간적 척도의 무한에 해당되는 것을 대상으로 하는데, 대초원이나 대사막 속에 있는 동물의 수, 강이나 바다 속에 있는 어류의 수 등의 조사, 또는 강, 바닷물이나 공기의 오염도 조사이다.

이와 같이 생각해 가면 표본조사의 위력이 굉장함을 느끼게 되는데 그 결과를 얼마만큼 믿을 수 있는 것일까. 일본 관동지방의 텔레비전 시청률 조사에서는 불과 400세대 정도를 샘플로 하고 있다. 이들의 신뢰성을 조사하는 데에 두 가지 방법이 있다. 하나는 5년에 한 번의 국세조사(전수조사)로써 즉각 표본조사한 것과 후일 전수조사한 것과의 어긋남이다. 또 하나는 선거에서 사전조사와 실제 결과의 어긋남이다. 이러한 것이 커다란 근거가 된다. 추계학에서는 검정 등의 방법이 있으나 이것은 생략한다.

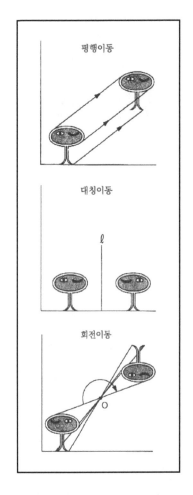

평행이동

대칭이동

ℓ

회전이동

O

2. 기하학과 변환군

'제논의 역설'의 뒤흔듦을 두려워한 '유클리드 기하학'에서는 도형을 움직이는 것은 삼각형의 합동조건에서 하나의 도형을 뒤집는 것과 평행, 대칭, 회전의 3이동, 그리고 닮은꼴의 확대·축소의 작도로 나머지는 도형을 움직이거나 변형하거나 하는 일은 거의 없다.

그러나 18세기 이후가 되면,

∘ 토폴로지(위상기하학)에서는 연속성의 기하학

∘ 사영(射影)기하학에서는 무한원점, 무한원(遠) 직선

∘ 절대적이었던 공리를 바꿔서 창안한 비유클리드 기하학

등 제논을 능가한 기하학이 속속 탄생함과 동시에 문어발처럼 가지가지의 기하학이 따로따로 발달해 갔다.

20세기에 들어서서는 이것들을 무언가의 기둥에 의해서 통일하려고 하는 움직임이 일어나 여기에 '변환군(變換群)'이라는 사고가 탄생했다. 이것은 하나의 도형을 어떤 룰에 따라 다른 장소로 복사하는 방법에 의한

구분이라는 것이라고 할 수 있다.

이것은 대수계(代數系)에서 어떤 군의 아이디어를 도입한 것으로 여기서도 기하의 막다름을 대수에 의해서 해결했다.

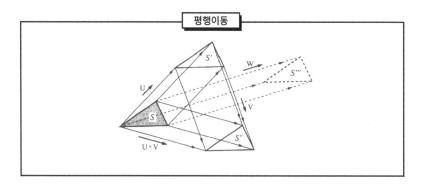

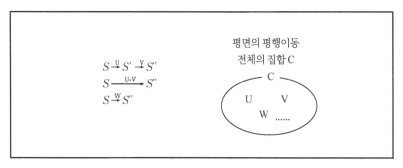

어떤 것을 별개의 것에 복사하는 것을 널리 '사상(寫像)'이라 하고 수학의 전 영역에 관계되는 것으로서,

사상 ┬ 수식에서는 **함수**

　　├ 도형에서는 **변환** 　　　　　　　이라는 넓은 개념이다.

　　└ 일반적으로는 좁은 의미의 **사상**

　　기하학에 군론(群論)(122페이지)을 도입한 독일의 수학자 클라인 (1849~1925)은 그의 『에를랑겐 프로그램』(1872년)에서 다음과 같이 언급하고 있다.

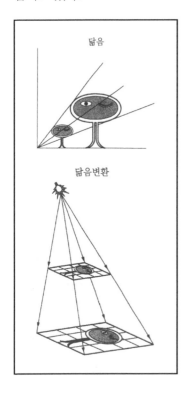

닮음

닮음변환

"변환군에 대해서 불변인 성질을 연구하는 것이 기하학이다."

　　지금 삼각형 S가 평행이동 U에 의해서 S′, 그리고 V에 의해서 S″로 옮겨질 때 S에서 S″로 직접 평행이동할 수 있다. 이 평행이동을 U와 V와의 곱(積)이라 하고 U∘V라 쓰기로 한다. 여기서 S의 평행이동 전체의 집합을 생각하여 이것을 집합 C라 하면 다른 평행이동 W에서,

　　U∘(V∘W)=(U∘V)∘W(결합법칙)

이 성립한다.

　　또 이동시키지 않는 것을 특수한

평행이동이라 생각하여 이것을 e라 하면, 예컨대 U에서,

U∘e=e∘U=U → 단위원이 있다.

U∘U′=U′∘U=e → 역원을 갖는다.

이상으로부터 평행이동(합동변환)은 군을 이루는 것을 알 수 있다.

'닮음변환'에 의해서 길이, 넓이라 하는 도형의 성질이 상실된다.

다른 성질은 보존되어 있다.

일일이 조사하지는 않지만 대칭이동, 회전이동(이상 합동변환), 그리고 옆 페이지 그림의 닮음도 각각 변환군을 만드는 것이다.

앞에서 말한 클라인은 평면 대신에 어떤 집합을 생각하여 집합의 원(元)을 점, 집합을 공간이라 한다. 다음으로 평면의 운동을 생각한 것처럼 이 공간의 각 점을 다른 점으로 복사하는 대응을 '변환'이라 이름 붙이고 어떤 변환의 집합이 군을 만들 때 이것을 '변환군'이라 부른 것이다.

그러면 여기서 합동, 닮음변환에 이어지는 아핀변환, 사영변환, 위상변환 등이 어떠한 변환인가를 생각해 보자.

'아핀변환'에 의해서 길이, 넓이, 각도 등의 성질은 상실되지만 평행은 보존된다.

'사영변환'에 의해서 길이, 넓이, 각도, 평행 등의 성질은 상실되지만 직선은 보존된다.

'위상변환'에 의해서 도형의 계량적(計量的)인 것은 모두 상실되지만 점의 배열순이나 선의 교차 등의 성질은 보존된다.

18세기 구 독일령(領) 쾨니히스베르크의 도시를 흐르는 프레겔 강에

사영변환

점광선

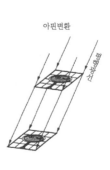

아핀변환

스크린에올림

걸려 있는 7개의 교량을 "1회씩, 더구나 전부를 건널 수 있는가"라는 그 도시 사람들의 문제로부터 생긴 '일필휘지' 놀이가 수학자 오일러에 의해서 '토폴로지'(위상기하학)라는 기하학으로 창설되었다.

　이 발상은 2000년 이상의 전통을 갖는 '유클리드 기하학'의 제5 공준 (평행선의 공리)을 대체하여 만든 '비유클리드 기하학' 창설의 대전환이나 의외성(意外性) 등을 넘은 것이라 할 수 있을 것이다.

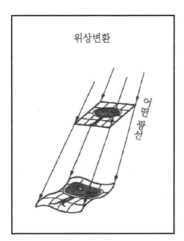

위상변환

어떤 광선

　토폴로지에서는 유클리드 기하학의 기본 재료인 길이, 넓이, 각도 등의 계량에서 평행, 수직, 직선이라고 하는 것까지도 버리고 점의 배열과 선의 교차만의 성질을 보존시킨 도형의 연구이기 때문에 이 양자에는 대단한 차이가 있다.

　유명한 푸앵카레는 그 저서에서

'토폴로지는 연속성의 기하학'이라 불렀는데 직선은 고무줄, 평면은 고무막(膜), 그리고 입체는 점토(姑土)라고 하는 마음대로 변형할 수 있는 것에 의해서 성립하고 있는 기하학이다.

점선이 일필휘지로 그려지면 된다.

이것이 모든 점이 1대 1로 대응하는 '연속사상'이라는 연속의 문제에 관계되고 이 아이디어는 기하학의 범위를 뛰어넘어 수학 전 영역으로 퍼졌다.

3. 무한으로의 꿈과 고뇌

20세기도 후반이 되면 카타스트로피, 프랙털, 퍼지, 카오스 등이라고 하는 외래어 표음문자의 새로운 수학이 잇달아 탄생했다.

퍼지는 '애매'라고 소개되고 일상 가전제품에 차례차례 퍼지 기능을 가진 제품—세탁기, 청소기, 밥통, 냉난방기, 카메라, 기타—이 판매되었다.

퍼지는 최신 수학 중에서 이론보다 응용 쪽이 선행된 좋은 예인데 위의 각 내용도 다른 학문에서 유용한 역할을 차츰 수행하고 있는 것이다.

차례로 간단히 언급한다.

카타스트로피는 프랑스 수학자 르네 톰이 동물 유전학자 등과의 공동 연구로 1970년 '카타스트로피 이론'을 제안했다.

이것은 불연속인 사상(事象), 현상(現象)에 대한 연구로서

자연계에서는 지진, 화산의 폭발, 번개, 눈사태, 해일, 빅뱅(big bang) 등

생물계에서는 곤충·물고기·식물의 이상발생, 동물의 집단 폭주(暴走) 등

인간계에서는 전쟁발발, 주가의 폭등·폭락, 데모집단의 소란, 친구 관계나 남녀 연인 간의 갑작스러운 균열이나 이별, 돌연사 등이 있다.

이것들은 '파국'이라고 불리는 것인데 어떤 조건, 상태의 극한이다라고 할 수 있다.

에너지가 웅덩이에 고여서 폭발한 순간이라 할 수도 있을 것이다.

이 전단계(前段階)나 과정이 어떠한가를 연구하여 예지(豫知)에 이용하는 것이 카타스트로피이다. 이것은 생물학, 경제학, 사회학 등의 분야에서 차츰 유용하게 이용되고 있다고 한다.

프랙털은 컴퓨터를 사용한 닮은꼴의 어디까지라도(무한으로) 추구하는 것이라 할 수 있을 것이다.

미국 하버드대학의 수학 교수 페노와 만델플로트는 복잡한 형태를 취급하는 기하학으로서 1970년 중반에 '프랙털 이론'을 제안했다.

이것은 옆 페이지와 같은 불규칙한 형태의 해명에 대한 연구로서,

자연계에서는 해안선의 형태, 강의 구불구불, 눈의 결정(結晶), 산맥

(山脈), 홍수빈도, 태양의 흑점 활동, 자연계의 잡음 등

생물계에서는 수목의 그림자, 해초의 무늬, 브라운 운동의 궤적(執跡) 등

인간계에서는 건축물, 회화(續畵), 음악 등 미(美)에 관한 것이 해당된다.

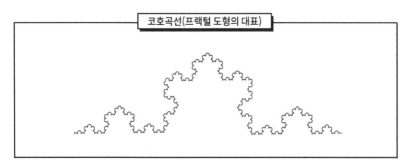

복잡한 윤곽선(輪廓線)의 부분을 확대해 가면 원래의 형태와 닮은 것
이 만들어지고 '이레코형(入子形)'에 처넣어져 있다는 수학적인 구조를
토대로 컴퓨터를 구사해서 작도하여 형태를 구해 가는 것이다. 이것은 지
진학, 천문학, 생물학 등의 과학 분야에서 응용되기 시작하고 있다(캘리
포니아 남부의 단층지대에 프랙털식의 모양이 발견되었다).

카타스트로피는 불연속, 프랙털은 불규칙이라고 하는 동시에 '반(反)
수학'으로서 새로운 수학이 탄생하려 하고 있는 것은 흥미가 있는 데다가
어느 것도 '극한에 다가서는' 면을 갖고 있는 점에서 무한과의 관계가 있다

(196페이지에).

카오스란 혼돈(混沌)의 뜻이고 주기성이 없는 진동을 말한다.

1961년 미국 매사추세츠 공과대학의 E. N. 로렌츠 명예교수가 컴퓨터로 기상계산을 하고 있을 때, 소수점 이하의 숫자의 사사오입을 하느냐 아니냐로 그 뒤 일기의 변천이 전혀 바뀐다는 것으로부터 이 연구가 시작되었다고 한다. 일기예보가 여간해서 맞지 않는 것은 대기의 미묘한 변화로 그 뒤가 크게 변화하기 때문이라는 것을 알게 되었고 이것을 '버터플라이 효과'라 한다.

어딘가의 나라 이름도 모르는 마을의 유채꽃밭에서 한 마리의 나비가 공기를 작게 진동시킨 것이 때로는 지구 규모의 이상기상을 일으킨다라는 것으로부터 이름이 붙여졌다고 하는데 그만큼 기상(氣象)은 무언가의 영향을 받기 쉽기 때문에 예보가 어려운 것이다.

카오스의 연구 성과가 예보의 정밀도를 높인다.

카오스는 대기의 대류(對流) 현상이나 난기류(亂氣流)와 같은 불규칙한 것이나 주기성이 없는 진동 등을 파악하는 연구이지만 카오스는 아래와 같은 '먹물 흘리기'[1]의 그림에서도 볼 수 있다.

먹물 흘리기는 초등학생 시절에 만든 일이 있을 것이다. 만일 경험이 없으면 다음 방법에 의해서 만들어 보자.

기류(氣流) 등의 우주적 무한의 변화를 파악하려고 하는 카오스는 최근 건강관리나 주식시세 예측 이용 등의 검토도 진행되고 있다 한다.

먹물 흘리기의 만드는 방법

1) 몇 방울 떨어뜨린다.

2) 조금 섞는다.
3) 한지를 올려 놓는다.

(주) 커피에 밀크를 넣어도 만들 수 있다.

그것은 카오스가 얼핏 보기에 무질서한 것 같지만 실은 내부에 **무한에 가까운 방대한 수의 규칙**을 갖고 있기 때문에 상황에 따라 그것에 최적의 규칙을 끄집어내면 잘 대응할 수 있다고 생각되기 때문이다. 금후 널리 여러 가지의 이용 범위가 개척될 것으로 생각된다.

---

1   역주 : 먹물 등을 물에 떨어뜨려 퍼지게 한 물결무늬를 종이 등에 옮겨 물들이는 것

퍼지와 뉴로 (아사히신문, 1991. 7. 6)

퍼지의 출현은 컴퓨터가 너무 고지식하고 융통성이 없는 데에서 탄생한 것이라 할 수 있다.

컴퓨터는 전류가 '흐르는'가 '흐르지 않는'가, 수학에서는 0인가 1인가라고 하는 2극(極)에 의해서 성립되고 있지만 인간사회에서는 그 사이의 부분이 요구되는 일이 많다.

신체감각으로 말하면 실내가 '덥다', '춥다'의 양극(兩極)뿐만 아니고 '조금 덥다', '그다지 춥지 않다'라는 중간적인 것, 소위 '애매'하고 인간미가 있는 것이 추구되어 왔다.

수학에서는 0과 1의 사이에 상당한다.

세탁기를 예로 들면 양(量)이나 천의 재질, 오염상태의 정도 등 면밀하게 감지하여 그에 상응하는 세탁을 한다는 것이다.

이 퍼지 세탁기에서는 약 600가지나 되는 분류 세탁이 가능하다고 한다.

퍼지이론의 응용은 일상 가전제품뿐만 아니고 지하철의 운전제어, 주식운용, 또는 술을 빚는 기술자 기능 등 금후 더욱 넓은 이용을 볼 수 있을 것이다.

이러한 시기에 위의 신문기사와 같은 정보가 흐르게 되었다.

뉴로란 인간의 뇌신경세포를 말한다.

큐슈공과대학의 야마가와 교수와 퍼지 시스템연구소가 "애매성을 취급하는 퍼지이론과 뇌세포의 기능을 모방하는 뉴로 기술을 융합시켜 새로운 집적회로(集積回路)를 개발했다"고 한다.

여기서 초인간 능력이라 할 수 있는 컴퓨터에 대해서 조금 소개하기로 한다.

컴퓨터는 19세기의 수학자 불(Boole)에 의한 '불대수'(논리대수)와 섀년에 의한 정보이론을 토대로 하여 20세기 최대의 수학자라고 일컬어지는 폰 노이만이 창안한 것이다.

이것은 보통 노이만형이라 부르고 후술하는 것처럼 '축차(逐次)처리형'이다. 그 뒤에 개발된 인간처럼 복잡한 사고를 시킬 수 있는 컴퓨터를 비(非)노이만형이라 하고 이것은 '병렬(竝列)처리형'이라 한다.

컴퓨터의 초기 활약은 고속계산처리였지만 기능의 개선과 더불어 유용 범위가 넓어져 정보의 처리나 판단도 행할 수 있는 인간과 뇌의 기능에 차츰 가까워지고 있다.

컴퓨터의 종류와 발전은 다음의 제1세대에서 제6세대까지 있다.

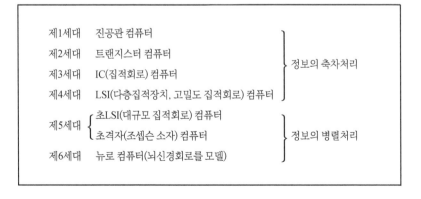

노이만형에서는 결정된 계산 명령을 하나씩 순서에 따라 처리한다. 정확히 온갖 조합을 차례차례로 계산하여 마지막에 최적의 답을 얻는 것에 반하여 비노이만형은 몇 개나 되는 데이터를 동시에 바라보면서 순식간에 최적의 답을 발견하는 방법이다.

인간의 뇌에는 10억 개나 되는 신경세포가 있고 더욱이 이것이 동시에 병렬적으로 처리한다는 것으로부터 이 종류의 컴퓨터를 뉴로 컴퓨터라고 부른다.

컴퓨터는 금후 어느 정도 개발되는 것인가, 또 어떠한 범위로 응용되어 가는가, 예상할 수 없을 만큼 창안되면서부터 50년 미만 사이의 발전은 엄청난 것이었다.

장차 무한이라고도 할 수 있는 능력 개발이 행해져 인류의 문화, 사회, 학문에 대한 공헌은 클 것이라고 생각된다.

휴게실—무한한 안전대책—

무사고를 자랑하는 신칸센(新幹線)도 새로운 야마가타(山形) 신칸센에서는 고장이 많아 화제를 풍부하게 하고 있다.

'추계학'에서는 일반의 경우는 신뢰성이 95%(위험률 5%)이지만 약품이나 생명에 관계되는 것이 되면 신뢰성은 99% 이상이 요구된다.

일본에서 연간 교통사고사는 거의 1만 명이기 때문에 1억 명에 대해서 위험률이 1/1만, 안전율은 99.99%이다. 계산상으로는 인간적 척도로 무한에 가까운 안전성을 느낀다.

그러나 부품이 많은 고도의 기기에서는 아래와 같이 많은 불안이 남는다.

(1) 미항공우주국(NASA)은 아폴로 로켓의 신뢰도가 99.99%라고 말하고 있었다. 그 부품이 560만 개이므로 560개의 불량 부품이 남는다.

(2) 원자로는 100만 개의 부품으로 만들어져 있으므로 NASA식으로 말하면 100개의 불량 부품이 있다.

(3) 아폴로계획의 우주선 부품의 안전도는 99.9999%이지만 부품 100만 개일 때의 확률은 $0.999999^{1000000} \fallingdotseq 0.368$. 불과 40%가 채 안 되는 안전도이다.[사진은 일본산 H1 로켓의 발사]

• 수학에서의 네도이(根間)(39페이지)

(1) '유클리드 기하학'의 공통개념 '2'에 있다. 공리로서 취급하고 있다.

(2) 삼각형의 합동조건은 증명할 수 있는 정리이지만 중학교에서는 공리로서 취급하고 있다. 증명은 작도에 의하고 포개서 합칠 수 있는 것으로부터 유도한다.

• 소로리 신사에몽의 적산(積算)(33, 44페이지)

도요토미 히데요시의 측근으로 머리 회전이 뛰어났던 소로리 신사에몽은 오늘도 기분 좋은 진언을 하여 히데요시를 기쁘게 했다. 히데요시로부터 "포상을 할 테니 무엇이든 말해 보라"라는 분부를 받고 "이 대청의 다다미(疊, 왜돗자리)에 끝으로부터 첫 번의 1매째에 쌀 한 알, 2매째에 2배인 두 알, 3매째에 2배인 네 알, ……이라고 하는 것처럼 2배, 2배로 쌀알을 놓아 대청의 다다미 100매분 전부를 주셨으면 합니다"라고 말했다.

히데요시는 기껏해야 쌀 한 섬이나 두 섬 정도라고 생각하고 싱글벙글하면서 "욕심이 없는 녀석이구면"이라고 하여 승낙했다. 뒤에 금전출납을 담당하는 부하에게 계산시켜 보았더니 다다미 4매까지가 15알, 8매에서 255알, 16매에서도 쌀 한 되(4만6천 알) 정도이지만 32매째가 되면 급격히 늘어나 1800섬분의 쌀이 된다. 100매가 된다면 525×10^{27}섬이라는 방대한 양이 되어 이제까지 인간이 만든 쌀 전부를 모아도 아니 장차 상당한 햇수분 쌀을 계속 만들지 않으면 이만큼의 양이 되지 않는다. 히데요시는 이 보고를 듣고 신사에몽에게 사과했다고 한다.[1]

• 『진겁기(塵却記)』(48페이지)

에도(江戶) 초기에서 메이지(明治) 초기까지의 약 300년간 서당의 산수 교과서로서 일본인의 산수 학력을 지탱하고 또 세계에 자랑하는 '화산(和算) (역주: 중국의 고대 수학을 기초로 하여 에도시대에 일본에서 발달한 수학)'에의 입문서 역할을 수행했다. 吉田光由의 명저로서 책의 이름 『진겁』은 '진—극소의 세계, 겁—극대의 세계의 이야기'라는 설이 있으나 불교어의 '영겁(永封)'의 의미의 인용이라 일컬어지고 있다. 초판은 1627년 다색(多色) 인쇄의 최초이다.

상권은 일상생활 필수의 내용

중권은 주로 직업상의 계산사항

하권은 산수 퍼즐적인 것

히라가나(平假名)로 되어 있고 그림, 도형이 들어가 있기 때문에 읽기 쉽고 친숙해지기 쉬운 것으로 되어 있다. 중국의 명저 『산법통종(算法統宗)』을 참고로 했다고 한다.

---

1 쥐산 등과 더불어 이와 같이 급속히 '무한대'로 증가하는 계산을 '적산'이라 부른다.

몇 번인가 개정판이 나왔고 유서(類書)도 많다.

• 양동이 속의 물(59페이지)

지금 양동이 속에 물이 한 방울 들어가 있다. 지금 k 방울 들어가 있는 것을 "양동이 속에 물이 들어가 있다"라고 한다면 여기에 물을 한 방울 가한 (k + 1) 방울에서도 물이 들어가 있다고 말할 수 있기 때문에 "양동이 속에는 물이 얼마든지 들어간다"라고 할 수 있다(그러나 이것은 분명히 상식에 반한다. 수학의 논리를 무턱대고 일상의 논리에 적용시켰기 때문의 오해이다).

• 메타모르포세스(57페이지)

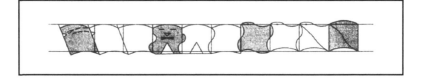

• 사영기하학(106페이지)

15세기 이후의 대항해 시대가 되면서 세계의 해도(海圖), 지도(地圖)가 필요하게 되어 지구의 구면(球面)을 평면에 투영하는 방법이 여러 가지 고안되었다. 메르카토르 도법(圖法)은 그 대표이다. 한편 회화에서도 피렌체파 화가가 시점(視點)을 화면의 중앙에 고정하는 선원근법(線遠近法)을

확립하고 거듭 다빈치나 뒤러의 원근법(투시도법) 등이 고안되어 이 양면
으로부터 사영기하학의 기초가 구축되어 갔다.

철도의 레일

측량술 → 유클리드 기하학

요새(要基) 건축 → 화법(畫法) 기하학(투영도)

일필휘지 → 위상기하학(토폴로지)

대수와 기하의 융합 → 좌표기하학

평행선 공리의 추구 → 비유클리드 기하학

하나의 시점에서 모눈(方眼)으로
투영하여 그림을 정확히 그린다.

구면을 평면(원기둥면)에 투영한다.

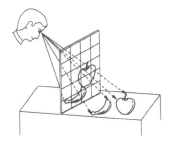

　기하학의 탄생사를 보면 위와 같이 그 탄생의 계기는 여러 가지이다.
사영기하학의 특징은 '점광원(點光源)'에 따르기 때문에 평행선이라는 것
은 존재하지 않는다.

　2개의 평행인 직선은 동일 평면상의 1점에서 교차하고 이 점을 무한원

황금비의 부분의 값을 보면

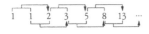

으로 분자가 다음의 분수의 분모
로 되어 있다.
이 분수의 분자, 분모를 수열로
하여 그 성질을 조사하면 아래와
같이 되고 앞 2항의 합을 각 항으
로 하는 수열이라는 것을 알 수
있다.
이것을 발견자의 이름을 따서
'피보나치 수열'이라 한다.

씨앗의 배열이 반시계 방향 회전
으로 8알이면 시계방향 회전은
13알로 되어 있다.

점이라 하는데 이 점을 지나는 직선을
무한원(違) 직선이라 부른다. 이것들
이 사영기하학에서 생각하는 평면의
특징이다. 이 기하학은 앞에서 말한 것
처럼 프랑스의 건축기술자 데자르그
의 발상에 따르지만, 완성한 것은 화법
기하학을 창안한 몽듀의 제자 퐁슬레
에 따른다. 그러므로 사영기하학은 화
법(畫法)기하학을 바탕으로 하고 있어
유클리드 기하학, 비유클리드 기하학
을 포함하는 넓은 기하학이다.

• 연분수(連分數)(116페이지)
피보나치 수열은 13세기에 명저
『계산서』를 써서 유럽에 인도 아라비
아 기수법(記數法)과 필산법(筆算法)을
소개한 이탈리아의 피보나치가 발견
한 것으로 이 수열은 자연계나 인간생
활 속에서 많이 발견할 수 있는 불가사
의한 무한수열이다.

자연로그의 밑 e의 연분수

$$e = 2 + \cfrac{1}{1 + \cfrac{1}{2 + \cfrac{2}{3 + \cfrac{3}{4 + \cdots}}}} \fallingdotseq 2.71828\cdots\cdots$$

(주) 숫자가 나오는 방법이 자연수 순으로 되어 있다.

앞 페이지의 '해바라기'에서는 씨앗의 시계방향과 반시계방향 회전의 개수에 피보나치 수열이 있는 것으로 유명하지만 솔방울이나 파인애플의 우산의 수, 어떤 나무의 잎이 나는 방법 등에서도 볼 수 있다. 또 토끼의 증식방법도 이 수열에 따른다고 한다.

• 11의 배수와 합동식(121페이지)

	11로 나눈다.	나머지
	11 10 1	⋯	-1
	11 100 9	⋯	1
	11 1000 91	⋯	-1
	11 10000 909	⋯	1

이상으로부터

$10000 \equiv 100 \equiv 1(\text{mod } 11)$

$100\ 0 \equiv 10 \equiv -1(\text{mod } 11)$

일반의 수

$10000a + 1000b + 100c + 10d + e$

그러면 위의 식에서

주어진 식 $\equiv a - b + c - d + e(\text{mod } 11) = (a + c + e) - (b + d)$

즉 하나 거른 숫자의 합으로 만들어진 2수의 차가 0이나 11의 배수일 때 그 수는 11의 배수이다.

• 잉여류와 군(124페이지)

+	0	1	2	3	4
0	0	1	2	3	4
1	1	2	3	4	0
2	2	3	4	0	1
3	3	4	0	1	2
4	4	0	1	2	3

(1) 닫혀 있다(왼쪽 표).

(2) 생략

(3) 단위원 0

(4) 1의 역원 4

　　2의 역원 3

　　3의 역원 2

　　4의 역원 1

위로부터 5를 나눗수로 한 잉여류는 군을 만든다.

• 초등계산의 패러독스(147페이지)

(1) 나눗셈에서는 분배법칙이 인정되지 않는다.

(2) $x = 1$이므로 $x - 1 = 0$으로 되기 때문에 '양변을 0으로 나눈다' 반칙

　(反則)

(3) $a = b$이므로 $a - b = 0$으로 되기 때문에 (2)와 마찬가지로 반칙

• 반론과 비슷한 패러독스(152페이지)

세 사람이 낸 2700엔과 점원이 주머니에 넣은 200엔과는 관계가 없는 값이기 때문에 더하는 것은 의미가 없다. 점원의 200엔은 아래와 같이 생각하는 것이 옳다.

2500엔	+	300엔	+	200엔	=	3000엔
(점주)		(되돌려 준 돈)		(점원)		

• 프랙털과 이레코(入子)(182페이지)

러시아의 이레코 인형, 마트료시카

구면을 크고 작은 무늬(이레코)의 타일로 빈틈없이 다 붙인다는 실험을 컴퓨터로 시도한 그림이 위의 것으로 쓰쿠바대학 오가와(小川) 교수의 고안에 따른다. '이레코', '타일 붙이기'라는 오래된 수학 놀이가 새로운 형태로 등장하고 있다.

맺는말

인간은 대별하여 아침형과 야간형(夜間型)이 있다.

대학의 연구자는 야간형이 많지만 나는 아침형으로 어느 날 친구와 이 것을 화제로 했다.

나는 "아침 4시경의 조용함과 상쾌함, 두뇌의 예리함"을 강조했더니 야간형인 그는 "심야에는 전화 등이 없어 집중할 수 있는 데다가 무한의 시간이 있는 것이 좋다"라고 했다.

나는 '어' 하고 그 말에 감격한 것을 묘하게 기억하고 있다.

나는 3시간 집중해서 머리를 사용하면 뒤는 휴식으로 들어가는 편이 기 때문에 이러한 사고방법이 있는 것을 처음으로 알고 '끝이 보이지 않 는' 많은 시간을 필요로 하는 사람도 있다는 것을 납득했다.

그 이래 '무한'의 말에 흥미를 계속 갖게 되었는데 고단샤로부터 앞의 저서 『수학트릭 = 속지 않는다!』가 매우 호평이었다는 것도 있어서인지 호리코시 준이치씨로부터 이 테마의 집필의뢰를 받고 매우 기쁘게 수락

한 것이다.

이 책도 또 아침 4시부터 20일간 집중해서 집필했다. 여기에 '아침의
향기'를 보내드린다.

1992년

필자